中等职业技术学校农林牧渔类

养殖专业教材

GUOJIA ZHIYE JIAOYU GUIHUA JIAOCAI

牧草栽培与利用

人力资源和社会保障部教材办公室　组织编写

柳力新　主编

中国劳动社会保障出版社

图书在版编目(CIP)数据

牧草栽培与利用/柳力新主编. —北京：中国劳动社会保障出版社，2011
中等职业技术学校农林牧渔类——养殖专业教材
ISBN 978-7-5045-9231-6

Ⅰ.①牧… Ⅱ.①柳… Ⅲ.①牧草-栽培技术②牧草-综合利用 Ⅳ.①S54

中国版本图书馆 CIP 数据核字(2011)第 171964 号

中国劳动社会保障出版社出版发行
(北京市惠新东街 1 号 邮政编码：100029)
出 版 人：张梦欣
*
中国铁道出版社印刷厂印刷装订 新华书店经销
787 毫米×1092 毫米 16 开本 7 印张 144 千字
2011 年 8 月第 1 版 2012 年 11 月第 2 次印刷
定价：12.00 元

读者服务部电话：010-64929211/64921644/84643933
发行部电话：010-64961894
出版社网址：http://www.class.com.cn

前　言

为深入贯彻落实《国家中长期人才发展和规划纲要（2010—2020 年）》和《国家中长期教育改革和发展规划纲要（2010—2020 年）》精神，适应建设社会主义新农村、加快发展现代农业的需要，加大培养适应农业和农村发展需要的专业人才力度，人力资源和社会保障部教材办公室组织了一批教学经验丰富、实践能力强的教师与行业专家，在充分调研、讨论专业设置和课程教学方案的基础上，编写了农林牧渔类相关专业系列教材，共涉及种植、养殖、农机使用与维修、农村经济管理、农村能源开发与利用等专业，将于 2011—2012 年陆续出版。

本套教材具有以下特点：

第一，以满足农业生产为主导方向，以培养学生实践能力为基本原则，在合理确定学生应具备的能力结构与知识结构基础上，对教材内容的深度、广度进行了科学设计，并突出了实践性教学内容。

第二，根据农村经济和农业技术发展的趋势，尽可能多地在教材中充实新理念、新知识、新方法和新设备等方面的内容，力求使教材具有鲜明的时代特征，满足新农村建设的需要。

第三，在教材的表现形式上，尽可能多地采用图片、实物照片或表格等将知识点、技能点生动地展示出来，力求给学生创造一个更加直观的认知环境。

本套教材的编写得到了黑龙江省人力资源和社会保障厅以及黑龙江技师学院、黑龙江第二技师学院、哈尔滨技师学院、佳木斯职教集团、哈尔滨劳动技师学院、中国一重技师学院、黑龙江机械制造高级技工学校哈尔滨分校、五大连池技工学校、黑龙江农业职业技术学院、黑龙江农业工程职业学院等一批技工院校和职业院校的大力支持，教材编审人员做了大量的工作，在此，我们表示衷心的感谢！同时，恳切希望广大读者对教材提出宝贵的意见和建议。

人力资源和社会保障部教材办公室

2011 年 7 月

农林牧渔专业教材编委会

主 任 委 员： 董绍林
副主任委员： 孙同波　唐亚江
委　　　员： 曾宪娟　闫永胜　王亚辉
于新秋　韩奎英　牛春梅

本书编审人员

主　　编： 柳力新
副 主 编： 鞠连民　杨志影
参　　编： 郭士玲　叶青洋
主　　审： 张振铭

简　　介

本书编写本着实用、够用的原则，主要针对适合农民种植的紫花苜蓿、墨西哥玉米草、串叶松香草、多年生黑麦草等十几种优质牧草的栽培技术及管理进行系统讲解，并对牧草品种、栽种牧草的经济价值进行介绍，对优质牧草的青饲和青、黄贮技术及牧草的深加工技术进行适度讲解。本书突出了理论知识的应用和实践能力的培养，强调以职业能力培养为核心，教学目标明确。

我国幅员辽阔，地区性差异很大，在教学时可以根据地区农业结构、畜牧业发展状况等综合情况，加以取舍，也可以结合当地的需要进行补充。

本书由黑龙江技师学院柳力新担任主编，鞠连民、杨志影担任副主编，郭士玲、叶青洋参与编写，全书由杨志影统稿，张振铭主审。

目　录

绪　论

牧草是可供家畜、家禽采食的草类，以草本植物为主，也包括藤本植物、半灌木和灌木。优质牧草是指那些营养价值高、适口性好、适应范围广、抗逆性能强、产量高、再生性能强的牧草。优质牧草的种植具有极为广阔的发展前景，市场潜力巨大。种草养畜将成为我国农村经济的支柱产业，逐步促进生态农业良性循环，可强有力地推进国民经济稳步发展。

一、优质牧草的优点

1. 营养价值高，适口性好

优质牧草含有丰富的粗蛋白质、碳水化合物、维生素和矿物质。蛋白质品质好且生物学价值高，可弥补谷实饲料蛋白质的不足。优质牧草含有多种维生素，如维生素 B_1、B_2、C、E、K 等。例如，皇竹草含有 17 种氨基酸和多种维生素，粗蛋白质含量达 18.46％，精蛋白质含量达 16.86％，总糖含量达 8.3％，而玉米粗蛋白质含量仅为 8％左右。

优质牧草的适口性好，动物爱吃，消化率高，生产成本低，种植效果好，是发展草食型畜禽养殖最重要、最直接、最优良的饲料。普通牧草由于营养单一，不能作为草食家畜单一的饲料，必须与其他饲草饲料搭配使用，才能确保所饲养动物营养全面、健康与安全。而优质牧草营养较全面，可作为草食家畜单一的饲料饲喂。

牧草的消化率和适口性

牧草的消化率，即家畜所食牧草中可被消化吸收的部分占所食牧草总量的百分数，它是决定牧草饲用价值高低的重要因素。牧草的适口性是指家畜对某种牧草喜食的程度。适口性高的牧草能长期为家畜喜食，是营养价值高的标志。

2. 一次种植，可多次或多年利用

牧草一次种植，可多次或多年利用。例如，紫花苜蓿被称为长命草，一次种植可利用 7～8 年，如果管理利用得好，可达 10 年以上。又如，皇竹草一次播种，高产期可达 6 年，

每年收割 8～10 茬，亩产鲜草 20～30 吨。在畜牧业生产中饲料成本占总成本的比例较大，只有想方设法降低生产成本，才能取得较好的经济效益。因为牧草生产成本低，能够代替部分或全部精料，所以优质牧草是最经济的饲料，为家畜喂食优质牧草可以达到降低生产成本的目的。

3. 抗逆性强，种植范围广

优质牧草的一些品种具有耐酸、耐盐碱、耐旱、耐寒、耐热、耐涝、耐瘠薄等特性，不仅抗逆性强，而且适应范围广，我国南北地区均可种植。如紫花苜蓿在我国的大部分地区都可以种植。当然，地质条件较好的地区种植苜蓿更好。

4. 易栽培，利于普及推广

优质牧草栽培技术简便，易繁殖、易种植、易管理、易被广大群众所接受，容易在生产实践中普及、推广和应用，经济效益好，社会效益和环境效益均比较理想。

5. 产量高，经济效益明显

优质牧草产量均很高，经济效益明显。例如，种植墨西哥玉米草，在理想条件下，每亩产量 25～30 吨。最高可达 35 吨，种一亩墨西哥玉米草，可抵 8～10 亩玉米，可养牛 5～10 头，养羊 40～60 只，养大鹅 500 只，每亩经济效益也突破了 2 万元。

6. 再生性强，利用率高

牧草被刈割或放牧后重新恢复绿色株丛的能力叫做牧草的再生性。牧草再生性的好坏、强弱是牧草生活力的表现，也是衡量其经济特性的一项重要指标。通常用再生速度、再生次数和再生草产量来表示。优质牧草的再生速度快、再生次数多和再生草产量高。例如，墨西哥玉米草分蘖性强，每丛有 30～60 多个分枝，有的高达 90 多个分枝，刈割后茎叶 24 小时生长 12 厘米，每年可刈割 7～8 次。牧草的利用率高，如苜蓿，一亩苜蓿的蛋白质含量相当于 250～300 千克豆饼或 1 000～1 200 千克玉米，胡萝卜素含量是玉米的 20 倍；而且苜蓿草粉多种动物均可食用。

7. 根系发达，能改良土壤

优质牧草根系发达，入土深，尤其是豆科牧草，根瘤多，固氮能力强，可提高土壤中的含氮量和有机质。例如紫花苜蓿根系发达，主根粗，入土深达数米，生长年限越长，根系越发达，根茎越向下延伸，越冬性越强，越耐寒耐牧。种植一亩紫花苜蓿，每年可固氮 100 千克以上，增加有机质达 500 千克；种植 4 年紫花苜蓿等于亩施优质猪粪 4 000 千克，维持肥效时间长达 2～3 年。

优质牧草强大的根系从土壤中吸收有机质，增加了土壤的团粒结构，使土壤结构得到改良，增进土壤肥力。瘠薄的土地种植 4 年紫花苜蓿，可使小麦、玉米等后茬作物增产 30% 以上，最高为 80%～100%；从紫花苜蓿茬上收获的粮食产量高，品质好，食用或饲用价值都高。

另外，优质牧草还具有多种用途，例如优质豆科牧草、菊科牧草是良好蜜源植物，如苜蓿等；某些多年生牧草是很好的草坪草，如白三叶、羊茅等，广泛种植优质牧草能带动相关行业的发展。

你愿意拿你的良田种牧草吗？

牧草是牲畜的粮食，是发展畜牧业的物质基础。目前，我国牲畜饲草主要来源于天然草地、农副产品（秸秆、麸皮等）和人工草地。天然草地由于受地理位置、年度及季节的变化影响，其产量与品质极不稳定，在一些地区靠天养畜易发生家畜“夏饱、秋肥、冬瘦、春亡”和“丰年大发展，平年保本，灾年大量死亡”的现象，这主要是由冬春饲草料不足和饲草料品质差所造成的。农副产品主要是作物秸秆，其质量远不如牧草，在冬春季节饲草不足的情况下，仅能保证家畜的维持需要。我国西北地区通过人工栽培牧草，特别是紫花苜蓿、沙打旺、红豆草等豆科牧草建立人工草地或改良天然草地，使产草量提高 2～5 倍以上，同时使草群粗蛋白质的产量比当地天然草地高出 10 倍以上，不仅解决了牲畜冬春草料不足的问题，而且可根据牲畜的营养需要，保证饲草的平衡供应。

二、优质牧草的价值

1. 优质牧草的生态价值

优质牧草茎叶生长茂盛，覆盖度大，可减轻冲刷力量，避免水土流失。例如种植苜蓿、多年生黑麦草等。在多风沙和丘陵地带广泛种植优质牧草，具有显著的水土保持作用，是保持水土、治理水土流失、护堤、护坡、提高地力等最行之有效的办法。目前我国水土流失现象严重，如图 0—1 所示，水土流失后的荒山秃岭，植物生长困难，而种植牧草后的山坡，水土流失得到了治理。

另外，我国境内具有相当数量的草原已经退化或严重退化，牧草产量急剧下降，牲畜采食困难，有些地区已大面积沙化和盐碱化，风沙四起，碱斑、鼠洞密布，植物稀少，如图 0—2 所示。这一切不但严重阻碍了畜牧业的发展，也给当地人民的生活带来了极大的生态灾难和生存威胁。而优质牧草的种植，既可以有效保持和提高土壤中的有机质含量，又可以保证草原年年有茂盛的牧草，保证食草型家畜四季有草吃，从而有效实现草原地区经济的可持续发展。

2. 优质牧草的经济价值

（1）种植优质牧草在单位面积的生物产量和营养素产量高，成本低，经济效益高于种粮食。牧草养分的总量超过粮食作物。如玉米籽粒只占全株总能的 45％，小麦占全株总能的

a)

b)

图 0—1 种植牧草治理水土流失

a）水土流失的荒山 b）种植牧草后的山坡

图 0—2 退化严重的草原

48%，大豆仅占全株总能的 38%，而牧草全株都能较好地被畜、禽、鱼所利用，在数量相同的土地上种草养畜的经济效益远比种粮食养畜要高得多。例如种植黑麦草每 667 平方米耕地产量为 5 000～8 000 千克，可提供干物质 750～800 千克，粗蛋白质近 100 千克。如要种植粮食提供同样数量的蛋白质和能量，则需要种植 850～1 810 平方米稻谷、770～1 800 平方米的大麦，由此可见，种草的经济效益非常显著，利用牧草发展畜牧业，具有节粮、高效、优质、安全、环保的特点。

（2）种植优质牧草作为饲料，能明显降低饲料成本，提高养殖业的经济效益。如优质紫花苜蓿草粉可替代畜禽全价饲料中豆饼的 3%～10%，使每吨全价饲料的成本下降 100 元。并且由于在苜蓿草粉中含有丰富的维生素和矿物质，含有类似鱼粉中才含有的促进生长因子，因此，饲喂苜蓿草粉可有效地改善肉鸡皮肤颜色，改善牛肉、猪肉、牛奶的口味，并能降低鸡蛋中胆固醇的含量；同时苜蓿草粉还可有效地促进畜禽的繁殖能力，提高繁殖率和成活率。人工培育的牧草，蛋白质含量高，最高可达20%以上，用它来饲喂家畜可以提高产量。可让1头奶牛1年多产1吨奶；肉牛增重速度加快，出栏提前；蛋鸡产蛋率提高。目前，牧草产品在牛羊饲料中占到60%～100%，猪饲料中可占到10%～30%，鸡鸭饲料中可占到5%～15%，鹅饲料中可占到30%～65%，牧草及其系列产品将会更加广泛地应用于生产中。

牧草种植成本较低，种植一亩牧草，种苗投入一般需要15～200元，如种植一亩特高宽叶一年生黑麦草仅需种子费用18元左右（生长期6个月，产量高达6～12吨）；种植一分地皇竹草8个月后可扩种到50亩，种茎仅需100元左右；种植紫花苜蓿、墨西哥玉米等经济效益更加明显。

（3）优质牧草的种植，还为农民提供了一条新的致富门路：政府建立牧草产业化龙头企业，掌握种植技术的农户将种植出的高产优质牧草交给企业加工，企业负责销售，形成企业与农户有机联合的产业化良性循环模式。优质牧草目前在国际国内有着大而稳定的市场缺口。如豆科牧草紫花苜蓿干草目前在国际国内市场的年需求量近1 000万吨，而我国的年生产量仅有20万吨。

三、牧草的利用方式

1. 放牧

牧草被家畜利用的方式多种多样，而利用效率又与利用方式密切相关。在粗放型畜牧业生产体制下，放牧是牧草最直接便利的利用方式。牧草有一定的生长周期，适当地放牧利用，可刺激牧草分蘖，促进生长；畜蹄踩踏具有耕耙镇压作用，可改善土壤结构；家畜的粪尿，可增强地力，提高草产量。放牧的形态如图0—3所示。

图0—3 草原放牧现场

如果过度放牧，牧草会被家畜过量采食，影响光合作用，导致根系生长缓慢；家畜踩踏，还会使土壤通透性降低，影响根系生长发育，最终引起草地退化。如果放牧过轻，不但造成草资源浪费，还会出现枯草倒伏，结成草皮覆盖地面，水分、养料不易渗入土中，新草难长，原有的牧草渐渐淘汰，这同样会引起草地退化。

2. 青饲

在畜牧业发达的一些国家，春、夏季节将新鲜牧草刈割后舍饲是牧草常见的利用方式。利用效率主要取决于舍饲管理，如果措施得当，新鲜牧草的饲用价值是非常高的。牧草刈割后可以直接投喂给畜禽。鲜草青饲现场如图 0—4 所示。

图 0—4 鲜草青饲现场

也可将鲜草按养兔、鹅及牛、羊分别铡成 2～3 厘米和 8～10 厘米碎段或再拌入麦麸等精料投入饲槽饲喂。含水量高的叶菜类饲料如菊苣、鲁梅克斯 K—1 等喂羊、兔前应略加晾晒，水分降至 60%以下时利用，可防止因采食青饲料造成（痢疾）拉稀。对适口性差、有异味的牧草，如鲁梅克斯 K—1、串叶松香草、俄罗斯饲料菜等应提早刈割利用，尽量铡短打浆，并在饲喂前调教畜禽。调教的方法是先让畜禽停食 1～2 顿，然后投喂拌入少量切碎饲草的精料，首次饲草比例在 1/3 以下，以后逐渐增加饲草量，直到畜禽喜食为止。

3. 调制干草

鲜嫩的牧草不易贮存，需要把它调制成干草。干草是由青草（或其他青绿饲料植物）在未结子实前，刈割下来，经晒干（或其他办法干制）制成。由于干草是由青绿植物制成，在干制后仍然保留一定青绿颜色，故称为青干草。

干草调制是牧草进行初步加工的一种形式，制成干草便于中长期贮存，以备枯草季节利用。干草调制及装车现场如图 0—5 所示。

青干草的营养价值比成熟的作物秸秆、藤蔓都高，其中含有较多的蛋白质、矿物质和维生素，少量的粗纤维，营养元素均衡，适口性好，是草食动物越冬的良好饲料。正常生长的牧草水分含量在 80%左右，青干草安全贮藏要求水分含量为 15%～18%，最高不得超过 20%；含水量过低牧草易碎损，过高则易发霉变质。

4. 青贮

青贮是牧草无氧贮藏的方式，是把青饲料埋起来与空气隔绝，发酵产生有机酸，使饲料经久不坏，并减少养分损失的一种方法。青贮技术用于畜牧业生产，最初的原料以玉米秸秆

图 0—5 收割晾晒调制干草及装车现场

和高粱秸秆为主，如今几乎所有的牧草及秸秆都可以青贮，畜牧业发达国家青贮技术应用非常广泛。在青贮过程中，青贮原料植物体内的碳水化合物在植物酶及乳酸菌的作用下转化为乳酸，使青贮容器内的 pH 值下降，蛋白质难以降解，最终在保证植物材料固有的营养价值及适口性基本维持不变的情况下，达到长期贮藏的目的。最初采用青贮设施贮存，目前已发展到圆捆青贮和袋式青贮。青贮可以克服枯草季节牧草原料不足的问题，为畜牧业的发展奠定了坚实的物质基础。

5. 黄贮

黄贮是将牧草、作物秸秆等切碎、压实、封严，并利用微生物的发酵作用贮藏的一种粗饲料加工方法。和青贮使用新鲜秸秆、自然发酵不同，黄贮是利用干秸秆做原料，通过添加适量水和生物菌剂，压捆以后再袋装或窖装储存的一种粗饲料加工贮藏方法。作为青贮饲料的一种补充，黄贮饲料的原料来源广泛、价格低廉，像麦秸、稻草、玉米秸秆等都可以进行黄贮。黄贮可使秸秆资源充分利用，对促进畜牧业发展和农民增收具有重要意义。

6. 牧草深加工

牧草深加工产品主要有草粉、草块、草颗粒、牧草叶蛋白等，草产品在国外已经形成了庞大的草产业，为畜牧业生产提供优质草产品，促进了畜牧业的发展。

（1）草粉。草粉主要是把豆科、禾本科青草在蛋白质含量最高、产量也最好的时期收割，经人工或机械干燥后粉碎制成。对于用秸秆及其他农作物副产品制成的加工粉，可根据原料性质命名，如麦秸粉、玉米蕊粉、豆秸粉等。传统的饲养方式易使饲草受到污染，饲料浪费严重。若给牛、羊、猪等家畜饲喂草粉，可大大减少由于污染造成的饲料损失，也能避免家畜挑食现象。草粉作为富含维生素、蛋白质及纤维的饲料，在畜禽饲喂中具有不可替代的作用。通常使用草粉机粉碎各种农作物秸秆，制成草粉。草粉的缺点是运输中损耗较大。

草粉饲喂的对象不同，要求粉碎的细度也不同，如果饲喂牛、马、羊，草粉可粗些；饲喂仔猪、雏鸡用的草粉，其细度不应超过 1 毫米；饲喂架子猪、肥猪、母猪等用的草粉，其细度可在 2 毫米左右。

（2）草块。为了饲喂方便，减少草粉在运输过程中的损失，也便于贮藏，生产中常把草粉压制成草块。压成草块的草粉体积缩小到原来的15%，便于运输、长期储存和商品化。草块含水量降至15%以下时可以直接入库存放。草块具有成型规范统一、计量准确、不损坏牧草营养的特点。多采用自走式或半固定式的高密度打捆收割机加工制作草块，如图0—6所示。

图0—6　打捆收割机在收割现场

为了使草块的营养均衡，可以将禾本科牧草或秸秆饲料和豆科牧草按一定比例混合配比压制草块，这样能明显改善草块的营养品质和压块性能。此外，科学合理地设计秸秆草块的配方，补充适宜比例的青绿饲料、能量饲料、矿物质饲料、微量元素和维生素添加剂等也是必要的措施，甚至还可以添加某些起代谢调节作用的非营养性添加剂和糖蜜等黏结剂，以便调制出营养平衡的秸秆草块饲料，并改善秸秆压块的成型效果和压制效率。在压制过程中，还可以加入抗氧化剂，使草块更耐贮藏，营养损失更少。

调制好的物料需采用特制的压块机压制成型，成型草块的外形尺寸一般为截面30毫米×30毫米的长方块或直径30～32毫米的圆柱形草块。刚压制出机的草块饲料，温度可达45～60℃。因此，需要做冷却和干燥处理，当温度降至常温，水分含量降至15%以下时可以直接入库存放。

(3) 草颗粒。在大量栽培种植牧草的地区，可采用专门的饲料加工机械将牧草的茎叶快速脱水挤压制成各种形状的颗粒。加工过程中，如适量添加高能量值的饲料如玉米、油子饼等其他一些饲料添加剂，则可成为全价复合颗粒饲料。这种全价复合颗粒饲料质优价廉，富含蛋白质、钙、维生素等，营养价值高，吸收率、消化率高。

牧草颗粒的种类繁多，如苜蓿草颗粒（见图0—7)、豆粕与苜蓿草混合颗粒（见图0—8)、玉米秸秆颗粒、苜蓿草与玉米混合颗粒、大豆秸秆颗粒、稻草颗粒、谷草颗粒等。

颗粒饲料加工、贮藏、运输及饲喂管理等都较便利，投入产出比高，工业化开发利用的前景极为广阔。

(4) 牧草叶蛋白。牧草叶蛋白是从牧草的叶中提取的蛋白，提取率一般为鲜重的3%～5%。叶蛋白是单胃畜禽和鱼类的优质蛋白质饲料来源。将7%～9%的浓缩叶蛋白配入猪饲料中，可节省25%～30%的大豆类饲料；在雏鸡日粮中添加2.5%～6%的苜蓿叶蛋白，对

图 0—7 苜蓿草颗粒

图 0—8 豆粕、苜蓿草混合颗粒

增加其体重有良好效果。适宜提取叶蛋白的牧草很多，有禾本科牧草、豆科牧草等。

四、我国牧草业的现状和发展

经过几十年的发展，我国牧草业取得很大成就，但总体水平还较低，远不能满足生产需要，与发达国家相比，还有很大的差距。目前，许多发达国家牧草业的产值已占农业总产值的 50%以上，有的甚至高达 80%，而我国只有 10%左右。欧美和澳洲等一些国家对牧草业十分重视，将其称为“绿色黄金”，澳洲人更视其为“立国之本”。美国苜蓿种植面积达 1 200 万公顷，年产值近百亿美元，在全美栽培农作物中居第四位，而我国目前的苜蓿种植面积只有 100 万公顷。

从国内市场来看，我国每年生产的牧草产品缺口很大，近几年国内外市场对于优质牧草产品（如饲草捆、饲草颗粒等）需求迫切，仅饲料工业每年就有200万～300万吨牧草添加料的需求，远期需求在600万吨左右。目前，日、韩、东南亚地区和国家主要从美国和加拿大进口牧草产品，其中仅日本市场每年需要进口的牧草产品多达220万吨，跨洋航运费用昂贵，每吨价格在200～260美元，比玉米高出约一倍，国内牧草产品售价历来与玉米价持平或略高。

我国的牧草产品主要是干草捆和草粉，还有少量草颗粒、草块、叶粒和浓缩叶蛋白。这些牧草产品主要用于规模较大的奶牛场、赛马场及特种动物养殖场。草颗粒在国内尚未打开市场，原因是过去这种产品属于空白，而现在国内饲料工业生产的产品质量又稍逊于国外产品，因此出口量很少。同样的情况，牧草青贮在国外已相当普遍，国内青贮比例依然很低。另外，有些牧草仅作为一种饲料，开发面小，应用单一。

随着我国种植业结构的优化调整和畜牧业的区域化、规模化、集约化、标准化发展，近年来，牧草种植正在逐步向羊、牛、兔、鹅等草食畜禽优势产区集中。这些地区在发展牧草种植时立足发挥当地资源优势，结合畜牧业发展情况，逐渐由零星的一家一户种植快速向规模化种植方向迈进。随着我国畜牧业生产结构的继续调整，节粮型草食畜牧业的进一步发展，牧草产业将继续向区域化、规模化方向推进。

第一章　牧草的栽培

学习目标：

◆了解优质牧草的品种以及选择方法

◆了解牧草种子的选择要求

◆初步掌握优质牧草的田间管理栽培技术

第一节　优质牧草的品种选择

一、牧草的分类

1. 根据植物学属性分

（1）禾本科牧草类。禾本科牧草是单子叶植物，一般根系发达，叶片多。干物质中含粗蛋白质约4%～10%，高的可达12%以上。在草地群落组成中的出现率和丰富度均居首位，在干旱草原中占60%～90%，在荒漠化草原中占20%～35%。

（2）豆科牧草类。豆科牧草属双子叶植物，根部生有根瘤，可以固定空气中的氮素。蛋白质和矿物质（钙质）含量，干物质中粗蛋白质含量20%左右，少数高达25%以上，是畜禽鱼的优良饲料，并可替代部分精料。豆科牧草分布广，在草原中占10%～15%，在荒漠化草原不及10%。

（3）莎草科牧草类。多分布于阴湿、沼泽化地区，质地稍粗糙，开花后多硅酸成分。

（4）杂类草类。包括上述3类以外的其他草类，以阔叶性草为主，在天然草地上分布广，一般占10%～60%。

2. 根据生长年限分

（1）一年生牧草。指的是播种（或移栽）一次，只利用一年，第二年需要重新播种的牧草。例如一年生黑麦草。

（2）多年生牧草。指的是播种（或移栽）一次，可以利用多年，第二年起不需要再播种，年复一年由根颈处萌发新芽，长出新的植株的牧草。多年生牧草寿命一般为4～5年，还有10余年的，多的可达30年。其中，利用3～4年后就需要更新的，称为短期多年生牧草。利用5年以上甚至更长时间需要更新的，称为长期多年生牧草。例如红三叶、白三叶、紫花苜蓿、菊苣等。

3. 根据生长季节分

（1）夏季牧草。在春夏气温上升时开始生长，持续生长至秋季下霜时停止的牧草。如苏丹草、墨西哥玉米、杂交狼尾草等。

（2）冬季牧草。在秋季开始生长，冬季仍存活，至晚冬和早春迅速生长，到夏季即使生长也很缓慢的牧草。如多年生的豆科、禾本科牧草及一年生的越年生牧草。

4. 根据使用期限分

（1）临时牧草。利用刚耕作过的土地，播种一年生牧草或青刈作物，作为临时用的牧草。如玉米、燕麦、苏丹草、金花菜、毛苕子等一年生牧草。

（2）永久性牧草。播种一次后，可连续保留生长数年的多年生牧草。如苜蓿、羊草等。

5. 根据播种方式分

（1）单播牧草。单播是指在同一块地上只播种一种牧草。如种植单一的黑麦草等。

（2）混播牧草。混播牧草是指在同一块地上，两种或更多种优质牧草，根据彼此生长时期特点或营养价值特点组合播种。如白三叶与黑麦草混播。

二、选择牧草品种应遵循的原则

1. 适应性

草种栽培的自然条件应与草种的生育特性相适应。例如：

（1）丘陵山区。该区土地贫瘠，易干旱，适宜种植的多年生牧草的主要当家草种为紫花苜蓿（北部丘陵）、白三叶、红三叶、百喜草等。次要当家草种有早熟禾、百脉根等。一年生牧草当家草种有多花黑麦草、杂交狼尾草、菊苣、苦荬菜等。

（2）沿海滩涂区。该地区土地贫瘠，含盐碱重，易受涝，适宜种植多年生的牧草，主要当家草种为：紫花苜蓿、多年生黑麦草、苇状羊茅、鸡脚草等，次要当家草种有大米草、狗牙根、碱茅、无芒草、草芦、沙打旺、串叶松香草、菊苣等。一年生牧草的当家草种有杂交狼尾草、苏丹草、草木樨、鲁梅克斯等。

（3）平原地区。该地区自然条件优越，适宜种植的多年生牧草的主要当家草种为白三叶、红三叶、苇状羊茅、黑麦草等，次要当家草种有杂三叶、草芦等。一年生牧草当家草种有多花黑麦草、冬牧70黑麦、杂交狼尾草、苏丹草、紫云英等。

2. 成片性

草地资源是栽培牧草的物质基础，在一定区域内可开发建立永久性人工草地。连片种植，有利于牧草种植的规模化、产业化。

3. 实用性

根据不同的地区利用目的和利用方式不同，选择适宜种植的不同品种牧草，达到实用性强、利用价值高、种植效果好的目的。

4. 完整性

草种区划基本上与原有的农业畜牧区划相同。根据分区原则，确定适用草种地区。比如，内蒙古、新疆、青海一带土地相对瘠薄地区适宜种植沙打旺等耐瘠薄牧草品种，用来饲喂牛羊，形成牧草生产加工、畜牧生产、畜产品加工销售等一条完整的产业链。

三、根据生态条件选择牧草的品种

1. 根据地域和气候特点选择

（1）黄淮地区、黄土高原中东部、东北平原等，适宜种植中等抗旱的牧草品种。长江以北地区适宜种植抗旱能力较强且可抵抗严寒的紫花苜蓿等耐寒性强的草种。

（2）建议选择适合本地区普遍推广的牧草品种。新引进的牧草品种必须通过种植试验才能大面积种植。

（3）夏季高温季节选择耐热性强的品种，多雨季节选择耐涝性强的品种，早春、干旱季节选择耐旱性强的品种，冬季低温季节选择耐寒性强的草种。

2. 根据土壤类型选择

（1）中性偏碱土壤适宜种植耐碱性强的品种，如紫花苜蓿、沙打旺等。

（2）中性偏酸土壤适宜种植耐酸性强的品种，如红三叶、白三叶等。

（3）盐碱地只适宜种植耐盐碱的品种，如沙打旺、黑麦草、子粒苋、羊草、碱草、苏丹草等。

（4）农田地可选择产量高、水肥要求高的牧草品种，如青贮玉米、墨西哥玉米草，一年生黑麦草、紫花苜蓿、红三叶等；山地、草坡应选择多年生牧草，如紫花苜蓿、白三叶、黑麦草等。

四、根据不同用途选择牧草的品种

以收获青绿饲料为目的，应选择一两年生、初期生长良好、短期收获量高且对肥效较敏感的品种，如紫花苜蓿、冬牧70黑麦草、红三叶、白三叶、聚合草、鲁梅克斯K—1等。

以放牧为目的，应在考虑丰产的同时优先考虑再生能力强、密度大的品种，如多年生黑麦草、鸭茅、三叶草、苇状羊茅、牛尾草等。

五、根据饲养的畜禽选择牧草的品种

1. 根据畜禽的适口性选择

由于采食习惯和消化特点不同，不同畜禽对同一牧草品种的适口性是不同的，针对其采食习惯和消化特点，选用适口性好、畜禽喜食的牧草品种，这样饲料系数低，饲料报酬就高。

2. 根据畜禽的饲喂量选择

畜禽的活体重与青饲量成正比。体重大的家畜，如牛、马青饲需要量大；兔、鹅等较小体重的畜禽青饲需要量则小。可根据畜禽的种类和饲喂量，综合考虑草种的预计产量、收获季节和播种面积等选择牧草品种。

第二节　牧草的田间栽培技术

一、牧草播种前种子的处理

供播种用的优质牧草种子，要求品质纯净、发芽率高、发芽势好，故播前还须进行去杂、精选、浸种和消毒等处理，豆科牧草还应进行根瘤菌接种。

1. 选种

播种之前进行选种，目的是将不饱满的子粒、皮壳去掉。常用的方法是泥水、盐水和硫酸铵溶液选种。其原理为较大的充实饱满种子常沉于溶液下部，而皮壳、瘪粒浮于溶液上面。硫酸铵溶液选种比较方便而经济。

知识链接

种子的发芽率和发芽势

发芽率是指种子在标准环境条件下（温度20～25℃，空气流通，水分充足，有光照）进行发芽试验，在规定时间内发芽种子所占的百分率。发芽率高，就是有生活力的种子多。发芽率高的种子就是优良的牧草种子，种子的生活力常因成熟不完全，收获时气候恶劣，或储藏时间过久，储藏方法不妥，而衰弱或丧失。从外形观察不能确定其生活力强弱，须进行发芽试验方能确知。

发芽势是指种子发芽快慢和是否均匀，它是决定草种优劣的重要因素。一般新鲜而生活力强的种子发芽常是初期比较集中，后期缓慢，初期集中的发芽率叫发芽势。种子的发芽势说明种子生活力的强弱。发芽势高表示种子生活力强，播种后出苗整齐一致。农作物种子以第 3～5 天之发芽率作为发芽势。牧草视种类不同，而分别予以规定计算发芽势的日期为 3～7 天。种子储藏的时间越长，发芽率和发芽势越低。一般情况，新鲜种子比陈旧种子的发芽率高，发芽势盛。但也与种类有关，豆科比禾本科，多年生比一、二年生保持生活力的时间长。豆科种子因有一部分硬粒种子，当年种子有时生活力反而较低。有些牧草的种子储藏后第二年即丧失生活力，如豆科中的绛三叶（苕子）。禾本科牧草中的多年生早熟禾等的储藏性极低。

2. 浸种

有些种子存在休眠现象，有些则因湿度不适不能发芽。为了促使种子迅速整齐地萌发和促进萌发前种子的代谢过程，加速种皮软化，播前必须注意田间的土壤水分含量，凡土壤潮湿或可灌溉者，种子应用温水浸种。浸种方法：豆科种子 5 千克，加温水 7.5～10 千克，浸泡 12～16 小时；禾本科种子，每 0.5 千克加水 5～7.5 千克，浸泡 1～2 天，浸泡后置荫处，隔数小时翻动一次，过两天即可播种，土壤干旱则不应浸种。

3. 豆科硬粒种子的处理

各种豆科种子中均有一部分硬粒种子，其种皮有一角质层，坚韧致密，水分不能渗入内部，或不易渗入。牧草中之苜蓿硬粒种子约有 10%～20%，草木樨约 40%～60%，紫云英初收获时有 80%～90%。如不经过处理，则硬粒种子不能发芽。一般经过一个冬季，气温下降之后，发芽率便有所提高。播前用石碾拌粗砂擦伤种皮可使其容易吸水，发芽快而整齐。

4. 去壳、去芒

草木樨的带壳种子发芽率低，有芒的禾本科种子播种极为不便，需去壳，去芒，以利播种。

5. 豆科类牧草的根瘤菌接种

根瘤菌是一种有益微生物，它通常存在于土壤中。当豆科类牧草生出第一片叶子时，根部便分泌出一种化合物，具有吸引根瘤菌趋向于豆科牧草根部的作用，使根瘤菌聚集于根毛附近，由根毛尖端进入根部，在根的皮层细胞内部生长繁殖。根因受到刺激，根细胞就发生不正常的加速分裂，形成根瘤。根瘤菌在瘤内以植物制造的化合物作为养料，固定空气中的游离氮，制造氮化物供给植物生长的需要，这样就形成了两者的共生关系。这种共生互利的局面，发展到豆类作物开花盛期达到最高峰，此后便逐渐下降。到豆科类牧草结荚成熟时根瘤破裂，根瘤菌又回到土壤中去生活。根瘤菌回到土壤中便无固氮能力。

不同豆科牧草的根瘤细菌各有一定的种类。并不是任何豆科牧草可与任何种根瘤菌共生，甚至同一种作物的不同品种，对根瘤菌的敏感性也有区别。这种选择性是在根瘤菌和豆科植物长期的共同发育过程中产生的。

在第一次播种豆科类牧草的土壤，为了有利于豆科牧草的生长，播种前应对种子实行根瘤菌接种。方法是：先将从根上摘下的根瘤捣碎，加以提纯繁殖，制成根瘤菌剂，播种时将此种菌剂加 4～5 份温水稀释，然后用此稀释液将种子拌湿，取种过同类豆科类牧草田内的潮湿土壤，与种子混合拌种，播入土中。每亩约用湿土 25～50 千克。接种应避免阳光直射，最好于早、晚或阴天进行。

6. 种子施肥

用肥料拌种或浸种，称为种子施肥。施肥可使作物在幼苗阶段即可获得丰富的营养元素，促使根系发达，幼苗壮实，植株生长良好，从而提高作物的产量。种子施肥用的肥料有无机肥料、有机肥料等，而以微量元素处理效果最好。用硼酸处理苜蓿可显著增加产量，用硫酸铜溶液处理玉米种子可使玉米子粒产量和青饲料产量显著增加。

二、耕作技术

1. 耕整土地

耕整土地包括耕地、整地、开沟、作畦。优质牧草的根系发达，在地下的延伸面也广，所以需要深翻土壤，在可能的条件下，一般最好耕深 20～30 厘米（盐碱地区不宜深翻）。

由于牧草种子一般较小，播种量也较少，因此整地要细，做到深耕细耙，上松下实，以利出苗。新开垦的荒地更要注意秋翻、深耙；春季要耙、压，使耕地平整，无坷垃。盐碱地要建立齐全的排水、灌水设施，保证排除雨季积水。种植前要精细整地，否则会严重影响全苗，在整地的同时，要开好排水沟，在雨水多的地区，一般沟距 4～6 米，以便雨后田间排水。在一些干旱严重的沙化地区，可不进行耕翻，直接进行撒播或机具条播牧草（即免翻耕）。

2. 土壤耕作

凡是种植农作物采用的各种普通措施，在种植牧草时一般都是必要的。需要特别注意的是，由于牧草种子一般很细小，苗期的生长又很缓慢，所以播种牧草的苗床更应精耕细作，施足底肥，以利促苗。同时，在苗期可能侵染的杂草，应尽量消灭在播种之前。

三、播种技术

1. 播期

牧草播种分春播和秋播。当土地积温达 100～150℃时即可进行春播，春播过早，如遇到阴雨天气，则易烂种。秋播可因地而行，宜在 9—10 月进行。但在长江中下游地区秋季往往干旱或多雨，宜推迟，一般不能迟于 10 月中下旬。

2. 播种方法

牧草播种以条播为好，其行距应根据牧草种类和种植目的的不同而异。一般株高 2 米以上的牧草，作青刈用时，行距为 40～60 厘米，留种用的，行距可宽一些；植株较矮，在刈割利用时不到 1 米高的，行距可窄些，一般 25～30 厘米，留种的采用 45 厘米。牧草种子大多数很小，播后覆土深度，要结合当时的土壤温度，一般 2～3 厘米。

牧草常进行单播，即一种牧草单独播在 块地里。也可以混播，在进行混播时，最好间行条播，如豆科与禾本科牧草间隔播种（一行豆科，一行禾本科），这样便于管理，也有利于牧草均衡生长。如果品种选择适当，则两个不同的品种都可以生长得很好。相对而言，混播需要考虑的因素较多。

（1）牧草混播的时期。混种时应根据牧草的生物学特性决定播种期，应将冬性及春性的豆科牧草和禾本科牧草分别在秋季和春季播种。在气候条件允许的情况下，混种牧草秋播较春播有利，同期播种优于分期播种。耕耙播一次完成既有利于机械作业，对牧草生长也有利。分期播种对早播幼苗有损伤，土壤板实，对后播牧草出苗生长亦不利。

（2）牧草混播的方法。混播牧草的种子应分类，豆科、禾本科各为一类，有时圆形光滑的种子如苜蓿、红三叶、草芦为一类，具有较大承风面的被有茸毛的种子如无芒草、鸡脚草为一类。播时可用人工或用两台播种机进行联合作业，将两类草子间行播情况下，行距 7.5～15 厘米，覆土深度 1～2 厘米，分期播种则可秋播禾本科牧草，次春将豆科牧草横行交叉播种。

在土壤水分条件充足地区，多采用伴种作物播种混种牧草，以免受杂草的危害，并可多收一季作物。采用伴种作物时需用牧草谷物播种机或用谷物、牧草两台播种机将伴种作物和禾本科牧草播下，次春再采用撒播或横行交叉播种豆科牧草。伴种作物播种量应减为单播的 25%～50%，以免抑制牧草的生长。在土壤水分不足的地方，则采用无伴种作物播种。

（3）牧草混播的注意事项

1）混播牧草时首先应考虑混播牧草的用途。用做刈草的应选用短期生长的、直立的上繁草混种，以便收获和调制；用做放牧的则寿命长，具有根茎的株型低的下繁草应占较大的比重，以免因践踏而失去生产能力。

2）在大田轮作中，牧草的利用年限不多于 2～3 年，为了在短期内获得高额产量，恢复土壤结构和肥力，应混播等量的、发育迅速的疏丛性禾本科牧草和丛生性豆科牧草；在饲料轮作中，种草年限一般为 3～4 年或更长，除混种多年生牧草外，应加入发育速度快的一、二年生牧草，使杂草难生并在最初的几年内即有较多的产量。豆科牧草的寿命一般较短，早期发育快，3～5 年后即从混种草地中迅速衰退或减少，因此豆科牧草在混种牧草中所占比重一般随种草年限的增多而递减。

科学地搭配牧草的种植比例

牧草的混播应具有一定的组合比例，科学地搭配牧草的种植比例，可以充分利用面积有限的土地，同时获得比较理想的牧草产量和品质优良、利用价值高的牧草。可以根据利用年限和利用方式确定牧草组合比例，见表1—1和表1—2。

表1—1　不同利用年限混播牧草各组合比例表　%

		短期混合草地	中期混合草地	长期混合草地
利用年限		2～3年	4～7年	8～10年
豆科		65～75	20～25	8～10
禾本科	根茎型	0	18～25	50～75
	疏丛型	100	75～90	25～50

表1—2　不同利用方式混播牧草上繁草与下繁草的组合比例　%

利用方式	刈割用	刈牧兼用	放牧用
上繁草种子	90～100	50～70	25～30
下繁草种子	0～10	30～50	70～75

3）混播牧草比单播牧草产量高，但并非种类越多越好，一般以4～6种组成为好。

4）混播牧草必须能反映栽培地区的特点。按照各种牧草的生长发育特点和要求进行组合，才能减少生存竞争的矛盾并使之彼此相互调剂，相得益彰。

3. 播种量

播种量的确定主要取决于种子的大小，以及种子的纯净度和发芽率。一般牧草种子的纯净度，要求达到90%以上，发芽率要求80%～90%，在这些前提下，根据种子的大小决定适当的播种量，作刈割青饲料用时，一般小粒种子的播种量为0.3～0.5千克/亩；稍大一些种子为1～2.0千克/亩。留种用的播种量，一般可减少1/3，混播的播种量，一般为各单播用种量的60%～80%（见表1—3）。

4. 播种深度

牧草种子一般较小，萌发速度慢，顶土力弱，播种宜浅不宜深，一般为1～3厘米，沙性土壤和大粒种子可稍深一点，黏土和潮湿土壤宜浅播；夏秋季节水分充足宜浅播，春季干旱季节宜深播。

表 1—3 常用优质牧草播种量

种类	播种期	条播行距（厘米）	刈草（厘米）	留种	播种量（千克/亩）
红三叶	秋播	25～30	45	1.0	0.75
白三叶	秋播	25～30	45	0.5	0.35
紫花苜蓿	秋播	25～30	45	1.0	0.75
冬牧 70 黑麦	秋播	25～30	45	7～8	5～6
多花黑麦草	秋播	25～30	45	1.5	1.0
苦荬菜	春播	25～30	45	0.5	0.25

四、田间管理

播种后必须根据出苗及生长情况和环境条件变化，及时采取一些田间管理措施，主要包括播后镇压保墒、破除表土板结、查苗补苗、中耕除草、施肥灌溉、防治病虫害等。

1. 镇压保墒

目的是减少牧草地水分的蒸发，维持土壤墒情，以保证牧草种子萌发所需的水分，确保牧草苗全苗壮。不要播后镇压，以防板结，要在播后的 3～4 天再镇压。

2. 破除表土板结

播种之后到出苗之前如遇大雨，表土容易板结，影响已萌发种子顶开板结土层，造成幼苗在土中窒息死亡。应采取措施解除板结层，有条件的地区可采取小水轻灌，使表土湿润，帮助幼苗出土。如果土壤板结严重，要进行中耕，结合培土解除板结。

3. 查苗补苗

播种后由于整地方式或播种方法不同，以及风、水、旱、涝、冻、虫害等诸多不利因素的影响，造成缺苗短空的现象经常出现，如处理不好会影响牧草产量，因此要及时观察出苗情况。当缺苗率达到 10%以上时应及时补种，以免造成不必要的浪费和降低牧草产量。

4. 中耕除草

牧草在苗期生长缓慢，容易被杂草侵入，所以苗期中耕除草十分重要。单播牧草也可以用除草剂。牧草封垄以后，它就有与杂草竞争的能力，以后只在每次刈割后结合施肥进行中耕松土，就完全可以抑制杂草的生长。

除了中耕除草外，化学除草也是比较常用的方法。豆科牧草常用茅草枯清除牧草中的禾本科杂草，每亩用药 75～150 克，加水 50 千克，在苗高 10 厘米时喷洒。阔叶杂草只能采取人工方法清除。禾本科牧草常用 2，4-D 类除草剂清除其中的阔叶杂草。

最好在晴朗无风的天气使用除草剂除草，一般在露水干后或雨后叶面雨水蒸发后使用。除草剂在杂草幼苗期和盛花期使用除杂效果最好。除草剂使用 3 周后牧草才能刈割饲喂畜禽。

5. 施肥灌溉

（1）施肥技术。施肥应兼顾土壤肥力，合理选用有机肥，施肥对牧草的生长十分重要。因为栽培牧草的目的是要获得较高的生物量，尤其是禾本科牧草，更需要氮素营养。适量的氮素，不仅可以取得较高的生物量，而且可以增加生物体本身粗蛋白质的含量，在许可的条件下，要以较多的有机肥作基肥，缺磷的土壤，每亩施用 20～25 千克过磷酸钙，在耕翻土地时一起翻入土中。氮素化肥作追肥施用。

禾本科牧草，一般每亩施用 20～30 千克纯氮，分别在苗期和每次刈割利用后分次施用；但也有特殊情况，例如杂交狼尾草，在全生长利用时期，每亩至少施用 20 千克以上纯氮时，才能充分发挥它的生产潜力。豆科牧草由于根部有根瘤，可以固定空气中的氮，肥料的施用量，大致相当于禾本科牧草的 1/3～2/3，主要作基肥和苗期追肥使用。追肥施用后，要及时结合中耕，把肥料翻入土中，以免损失和浪费。

（2）灌溉技术。土壤水分含量为田间最大持水量的 50％～80％时牧草生长最适宜。在多雨季节，田间积水对牧草生长不利，水分过多时要及时开沟排水，以免烂根死苗；气候干旱，水分不足时要及时灌溉。冬前灌溉有利于牧草越冬和返青。春季返青前后灌溉，对返青生长及增加第一茬产草量有显著作用。刈割后灌溉可促进再生。灌溉与追肥结合的增产效果最大，也是牧草高产的重要技术手段。

牧草在生育期有效降雨 400 毫米以上（拔节灌浆期雨量分布均匀），无须补水灌溉。生育期内有效降雨 200～300 毫米的年份，合理的灌溉制度为：在拔节、抽雄、灌浆期灌水 3～4 次，灌水定额 50～70 立方米/亩，灌溉定额 150～200 立方米/亩。在生育期有效降雨 80～180 毫米的年份，合理的灌溉制度为：苗期、拔节、抽雄、灌浆期灌水 1～5 次，灌水定额 60～80 立方米/亩，灌溉定额 240～320 立方米/亩。苗期采用喷灌适宜，全用喷灌可适当增加喷水次数。在无供水条件的地区，坚持井水灌溉。

6. 防治病虫害

（1）病虫害的类型。病害有侵染性病害和生理性病害两种。侵染性病害包括细菌病害，如苜蓿枯萎病；真菌病害，如草木樨、沙打旺的白粉病；病毒病害，如冰草花叶病、苜蓿花叶病。生理性病害包括寄生植物和线虫害，如菟丝子、线虫等；由于水分、养料不足或过多，温度过低或过高，阳光过强或过弱等不适合的外界环境引起的病害，如由于缺磷而导致植株矮小，叶片呈现紫红色，水分不足或过多而发生凋萎，低温霜冻而引起叶色退绿，甚至造成植物死亡。

害虫的种类极多，按其口器可分为两类：一类是咀嚼式口器类，如蝗虫、金龟子、蝼蛄、黏虫、蛴螬、地蚕等；另一类是刺吸式口器类，如蚜虫、红蜘蛛和蜻象等。

（2）病虫害的传播媒介。病虫害的传播媒介是指病虫生存的环境和中间宿主等。它们对病虫的越冬、越夏、再浸染、繁殖、传播和流行发生等起着重要作用。一是被害的病株，它不仅是病虫的寄生体，又是病虫休眠的场所和产生病虫的基地，所以对病害植株应拔除和销毁。二是潜伏许多病虫的种子和其他播种材料。三是土壤，土壤是病虫越冬、越夏和继续为害的重要场所。所以深耕、轮作、合理灌溉和土壤消毒等，对消灭病害有很大的作用。四是肥料，主要指没有充分腐熟的粪肥和用病虫危害的残株制成的堆肥。五是带有病虫的杂草。六是转主寄主（中间寄主）。一种病虫的不同世代可在不同植株上越冬或生长繁殖，如蚜虫在野生植物上以无翅蚜越冬，来年繁殖成有翅蚜后，又飞到牧草和作物上为害。

（3）病虫害的防治方法。防治牧草及饲料作物的病虫害，应贯彻执行“预防为主，综合防治”的方法。具体方法有植物检疫，农业防治，生物防治，化学防治和物理、机械防治等。在实际工作中，必须因地制宜地采取多种方法进行综合防治，才能收到良好的效果。

植物检疫是由专门的植物检疫站对种子、苗木等的引进调运进行检疫，以防病虫害的传播和蔓延。

农业防治是通过选育抗病虫品种、合理轮作、土壤改良、改进田间管理等措施预防和消灭病虫害。

生物防治是利用有益的生物消灭有害的生物。利用害虫天敌消灭害虫，如用七星瓢虫、食蚜虻、草蛉虫等防治蚜虫，利用杀螟杆菌和青虫菌消灭菜青虫、斜纹夜蛾幼虫等。

化学防治是利用化学药剂预防或直接消灭病虫害。化学药剂可分为杀虫剂和杀菌剂两种。施用的方法有喷雾、喷粉、熏蒸、拌种、土壤处理、涂抹和制作毒饵等。不同性质的化学药剂对病虫害具有一定的选择性或针对性杀伤作用，所以要有针对性地选择药剂。同时还要注意药品的毒性、病虫的反应、对牧草的安全性、对人畜及土壤的毒害，以及气候条件等。要选用高效低毒、无污染、有选择性和残留期短的药品。

物理机械防治是利用物理因素和器械消灭病虫害。如灯光诱杀，暴晒、温烫种子，草把诱杀等。

五、牧草的刈割

1. 刈割的一般原则

（1）以单位面积内营养物质的产量最高时期为标准。

（2）有利于牧草的再生。利于多年生牧草的安全越冬和返青，并对下一年的产量和寿命无影响。

（3）根据利用目的来确定。如为生产蛋白质、维生素含量高的苜蓿干草粉，应在孕蕾期进行刈割。虽然产量稍低一些，但优质草粉的经济效益和商品价值可予以补偿。若在开花期刈割，虽草粉产量较高，但草粉质量明显下降。

（4）天然割草场应以草群中主要牧草（优势种）的最适刈割期为标准。

2. 不同牧草的刈割期

牧草刈割时期一般根据饲喂对象和需要来确定，但也必须考虑牧草本身的生长情况。刈割太早，产量低；刈割晚，草质粗老，营养下降，不利再生。对于禾本科牧草，在抽穗——初花期刈割，但如黑麦草喂鹅、猪、羊可稍早刈割。对于豆科牧草，可在初花期（10%开花期）刈割。

3. 牧草的刈割留茬高度

牧草的刈割留茬高度，对牧草的产量、质量、全年牧草的再生和下一年的生长均有很大影响。各种牧草的刈割留茬高度见表1—4。

表1—4　各种牧草的刈割留茬高度　（单位：厘米）

牧草品种	留茬高度	牧草品种	留茬高度
紫花苜蓿	5	菊苣	10～20
黑麦草	5	皖草2号	5～10
苦荬菜	10～20	杂交苏丹草	6～9
籽粒苋	25	串叶松香草	6～10

4. 牧草刈割应注意的几个问题

一是牧草刈割时最好选择在不下雨的时候；二是如皖草2号、苏丹草等茎较粗的牧草不能平割，切面要斜向上；三是如皖草2号、杂交苏丹草、甜高粱等苗期或刈割后生出的幼苗含有少量氢氰酸，特别是在干旱或寒冷条件下氢氰酸含量增加，此时不能刈割用于喂畜禽，要等牧草长到50～60厘米高时，刈割后稍加晾晒，以避免畜禽中毒。

第三节　牧草的种子生产

一、优质牧草种子的基本要求

优良的牧草种子是获得高产量优质牧草的基础，是改良退化草原和培植高产草地的重要物质，因此要达到以下要求：

1. 纯净度高。优质牧草种子纯净、杂质少，纯度应在95%以上，并且遗传性能稳定。
2. 饱满。种子生长期充足，子粒饱满。
3. 生活力强。适应性、抗病性、耐寒、耐涝、耐旱能力强，发芽势高，发芽率高。
4. 用价高。种子用价也叫种子利用率，是指供检验品种中真正有利用价值的种子数占供试验样品的百分率。计算公式如下：

种子用价（%）＝净度×发芽率×100%

例如，某品种种子检验结果，净度为95%，种子发芽率为90%，其种子用价百分率计算如下：

种子用价（%）＝0.95×0.9×100%＝85.5%

5. 千粒重大。牧草种子的大小随种类而差异很大。但同一种类或同一品种的种子，子粒饱满、肥大、均匀一致的重量大，生活力亦强，故常以千粒重表示其品质优劣，也用此换算产量和播种量。大粒种子如玉米、蚕豆等则用百粒重表示。

6. 水分含量低。种子湿度应低于 14%，以利于安全保管储存，以免种子霉变失效。

7. 不带病虫及杂草。要求种子不但要清洁，而且不能带有寄生虫和其他杂质。

二、种子田的选地与布局

品种纯、质量高的牧草种子，决定了牧草的产量和营养价值，因此，要选择适宜的地块作为种子田，专门生产草种。根据牧草的生产习性，用做种子田的地块，应该是土层深厚、排水良好，土壤肥力、pH 值和降雨量适中，坡度小于 15°，光照充足，杂草很少的土地。豆科牧草种子田，尽可能设置在邻近有林带、灌丛及水库的地方，以利昆虫授粉。凡种植过牧草种子的土地，必须间隔 2～3 年才能再种植同一科的不同品种。

为了防止品种间的生物混杂和机械混杂，必须对田间进行合理布局。因为大多数牧草属于天然异花授粉植物，容易产生天然杂交种，导致产量下降，品质变劣，所以，牧草种子田、草地（或品种）之间，应进行隔离。隔离方法，可采用空间隔离，如在同一成片的土地种植不同品种，间隔距离必须达 400～500 米以上；如果种植两个以上不易天然杂交的品种时，其间隔的距离最好为 25～30 米。也可采用地理隔离，如多年生黑麦草、苏丹草等品种可利用小山丘的地理位置进行隔离。

三、种子田的播种与田间管理

播种所用种子必须是纯净度高、生活力强、安全健康并经育种部门鉴定的基础种子或一级种子。牧草种子产量的高低不仅受品种、气候、土壤条件的影响，而且也受栽培与田间管理技术措施的影响。播前应进行种子处理，播种机具要确保干净未携带其他植物种子。

1. 播种

（1）播种期。根据草种（或品种）的生物学特性，结合生产草种基地的气候、土壤等条件，做到适时播种，不误农时。一般以秋播为主，也可春播。播种期可参照单播的播种期。

（2）播种量。种子田的播种量，一般要比刈割和放牧草地的用种量少。如多花黑麦草、多年生黑麦草播种量为每公顷 9 千克，比一般单播减少 1/3～2/3。窄行条播比宽行条播用种量要多。

（3）播种方法

1）宽行条播：视草种、栽培条件的不同，行距可为 30 厘米、45 厘米或 60 厘米。其优点，营养面积大、光照充足、通风良好，在肥沃的土壤上能形成大量的生殖枝，增加繁殖系数。宽行条播可延长牧草的利用年限，便于田间管理。对施肥敏感的禾本科牧草，一般多采用宽行条播，如用窄行播种，则形成大量营养枝，生殖枝很少，因而种子产量低。

2）方形穴播：一般方形穴播的行株距60厘米×60厘米或60厘米×80厘米。

3）窄行条播：一般窄行条播行距为20厘米。

2. 田间管理

除中耕、除草、间苗、定苗外，为了使苗期生长正常，对种子田进行追肥和灌溉是提高牧草种子产量和品质的重要措施。因为牧草种子产量高低是由单位面积上生殖枝的数目、穗的长度、小穗及小花数、结实率和种子的千粒重诸因素决定的，也与适时供水、供肥有密切关系。

禾本科牧草应在分蘖、拔节、抽穗及开花期进行追肥及灌溉，因为进入拔节、抽穗时期，其对水与肥的需要最为迫切。冬性禾草，夏、秋分蘖时期以追施氮肥为主，配以适量的磷、钾肥，但氮肥不宜施得太多，以免影响其越冬；在春季，一年越冬的枝条较快地进入拔节、抽穗时期，此时除追施氮肥外，磷肥也应增加，以促进穗的分化。春性禾草，施氮肥的数量应高于冬性禾草施用的数量。豆科牧草追肥应以磷、钾肥为主，氮肥在生长早期施用，磷、钾肥施用的时间与禾本科牧草基本相同。

在有灌溉条件的情况下，灌水应当适中，过多或过少都会降低种子产量。营养生长期灌水过多易发生徒长，开花期灌水过少花易凋谢，刚长成的植株宜灌溉1次，种株在发新枝条时不宜灌溉。要防除病、虫害和杂草，清除异株植物。在花期可放养蜂或进行人工辅助授粉。

四、牧草种子的收获与储藏

1. 牧草种子的收获

牧草种子适宜的收获期应根据种子成熟度而定，成熟期的种子具有该草种种子的外形、大小和色泽等特征。蜡熟期及完熟期的牧草种子均具有较高的千粒重及产量，是适宜的收获期。当田间植株有70%～80%达到完熟初期即可进行收割，高度20～40厘米或更高一些，也可以只收割植株穗部。种子的外壳（或外表）颜色变深，呈干褐色，子粒饱满、坚韧、有光泽，即为成熟的种子，可选择晴天及时采收。若采收过早，种子瘦小，发芽率低；采收过晚，种子养分消耗较多，容易脱落，下雨天还容易在穗上发芽，影响其产量和质量。

2. 牧草种子的储藏

种子在储藏过程中会发生一系列生理生化变化，这种变化与外界环境的湿度和温度密不可分。因此种子在干燥之后应妥善保管，这样才能保持种子的优良特性。储藏种子应注意以下几个问题：

（1）种子的含水量。禾本科牧草种子入库时的含水量不超过15%，豆科牧草种子的含水量不超过13%。

（2）种子在入库前必须进行清选、检验、分级处理，除去杂质，按种子等级分别存放。

（3）牧草种子储藏时，堆的厚度以1.5～2米为宜，大粒和不松散的种子可以堆藏，而粒小和松散的种子要装入麻袋储藏。种子在储藏期间必须经常检查，加强管理，防止受潮、升温，并加强防水、防虫、防鼠工作。

也可以使用仪器储藏种子，如低温、低湿储藏箱，它可以自动控制温度、湿度，操作起来比较简单，而且容积也比较大，可以放很多种子。

思考题

一、简述如何选择牧草的品种。

二、优质牧草的田间管理需要注意哪些事项?

三、如何选择优质的牧草种子?

第二章　优质牧草的利用

学习目标：

◆掌握优质牧草的青饲技术。
◆掌握青干草的调制技术。
◆掌握牧草的青贮技术。
◆了解秸秆黄贮技术。
◆了解草产品的类型和调制技术。

第一节　优质牧草的放牧利用

放牧又叫“放青”，是指把家畜放到野外吃草和活动。每年春、夏、秋三季，到处野草青青，人们都喜欢将家畜牵到野外放牧。放牧是人工管护下的草食动物在草原上采食牧草并将其转化成畜产品的一种饲养方式，也是最经济、最适应家畜生理学和生物学特性的一种草原利用方式。在牧草生长季节放牧，家畜可以获得营养全面而丰富的新鲜牧草，同时也可得到充分的日光和进行运动，从而有利于增进其健康和提高其生产力。以放牧为主、舍饲为辅或舍饲为主、放牧为辅的集约化畜牧业生产和季节性畜牧业生产，是一种高效率的现代放牧饲养制度。

一、放牧制度

放牧制度可分为无系统放牧（自由放牧）和系统放牧两类。

1. 无系统放牧

无系统放牧又可以分为连续放牧和固定放牧。

（1）连续放牧。家畜在全部放牧时期内，不受限制地放牧在一块草地上，这是一种较原始的放牧方式。

（2）固定放牧。在放牧时期的一个较长阶段，使一定数量的家畜不受限制地放牧在一定面积的草地上。它比连续放牧进步。

中国北方和西南的一些农区，一户或几户的混合小畜群利用小片零星草地、茬地放牧或用绳索系留放牧，一般属于无系统放牧。

2. 系统放牧

系统放牧又可以分为轮流放牧、混合放牧和围栏放牧三种。

（1）轮流放牧。是指将草原划分成若干区段，按一定的时间和顺序轮回放牧。它是系统放牧的主要形式，也是草原合理利用的主要方法。

（2）混合放牧。是指将两种或多种采食特性不同的家畜放牧在同一草原上，如牛、羊混群放牧或先放牛、后放羊。有计划的混合放牧属系统放牧。

（3）围栏放牧。是指容许幼畜通过隔栏间隙进入某一草原地段采食，而母畜不能进入的放牧方式。

二、放牧对草原的影响

家畜在草原上采食、践踏和排泄粪尿，会对草原产生多方面的影响：

1. 草群种类

家畜对牧草的采食有选择性，当对某种牧草的采食量不超过植物体的50%时，对牧草影响小，并能促进牧草的分蘖、生长。当放牧次数过多，适口性好的牧草会在草层中首先减少或消失，而适口性差的牧草和毒草则相应增多。

2. 土壤结构

家畜在草原上走动、奔跑，对草层和表土有破坏作用。长期过度践踏会使草原地面裸露，土壤通透性下降，造成水土流失。但合理放牧的适当践踏，能使地面苔藓和藻类形成的覆盖层破碎，有利于自然散落的牧草种子获得生长发育的环境条件；适当的践踏还能使枯死的植物倒伏、破碎、加速分解，提高土壤的有机质含量。

3. 土壤肥力

家畜的粪尿是牧草的营养物质。一头500千克重的成年牛，在放牧过程中一年排泄氮约7.5千克、磷约3千克、钾约4千克。因此，放牧能使牧草和家畜相互提供营养物质，对草原生态系统的物质循环起促进作用。但如家畜密度过大，过多的粪尿排泄会污染牧草，对草原的利用产生不良影响。草原的耐牧性是由牧草的生活力、再生性和草皮的弹性构成。土壤含有机质多、结构好、通透性强、植物的根系稠密，与土壤结合形成弹性很强的草皮，草原的耐牧性就强。

第二节　优质牧草的青饲

一、青饲的基本要求

1. 适时刈割

牧草的营养价值随着植物的生长而变化。一般来说，植物生长早期营养价值较高，但产量较低。生长后期，虽干物质产量增加，但由于纤维素含量增加，木质化程度提高，营养价值下降。不同品种，不同利用方法，不同利用对象，其最佳利用时间是不一样的，禾本科牧草一般在孕穗期，豆科牧草则在初花至盛花期；直接鲜喂适当提前；如果用来饲喂猪、兔可适当提前，饲喂牛、羊可适当推迟。

2. 力求新鲜

刈割后的青绿牧草如果直接饲喂家畜家禽，一定要保证新鲜干净。因为青绿牧草含水量大，不易久存，易腐烂，应及时饲用，否则会影响适口性，严重的可引起中毒。

3. 合理搭配

青饲利用时应与其他饲料搭配利用，以求达到最佳利用效果。杂食家畜（如猪），青绿牧草不能用做主料，只能作为一种补充料，适量使用。生长育肥猪一般青饲可替代精料的10%～15%（以干物质计算），母猪饲喂效果较好，可替代精料20%～25%，子猪适量自由采食。而草食家畜（如牛、羊）由于有瘤胃和发达的盲肠，对粗纤维的利用能力较强，日粮中可以青绿牧草为主，辅以适量精料。牛每头每天用量20～30千克，羔羊2～4月龄每天2～3千克，4～8月龄4～6千克，8月龄以上7～10千克。

4. 谨防中毒

（1）防止农药中毒。对于刚施用过农药田地上的青绿牧草，不能青饲。为防止引起农药中毒，一般经15天后才能青饲利用。

（2）防止亚硝酸盐中毒。青绿牧草特别是叶菜类牧草，若长时间堆放，发霉腐败，加热或煮后闷在锅里或缸里过夜等喂时，在细菌作用下，青绿牧草中原含有的硝酸盐还原为亚硝酸盐而具有毒性。亚硝酸盐中毒发病很快，多在1天内死亡，严重者在半小时内就会死亡。目前农村常有发生中毒病例，发生亚硝酸盐中毒时，可注射特效药1%美兰溶液解毒，用量一般为每千克体重0.1～0.2毫升。

（3）防止氢氰酸中毒。青绿牧草一般不含氢氰酸，但有的青绿牧草，如玉米苗、高粱苗、南瓜蔓等含有氰苷配糖体。如果这些饲料经过堆放发酵或霜冻枯萎，在植物体内特殊酶的作用下，氰苷被水解形成氢氰酸而有毒。发生氢氰酸中毒时，可注射1%亚硝酸钠，用量为每千克体重1毫升，也可用1%～2%美兰溶液，每千克体重1毫升进行解毒。

二、适宜畜禽青饲的牧草品种

不同畜禽种类，对同一饲草的适口性不同。所以，青饲时要根据家畜的喜好选择牧草品种。

牛喜食禾本科牧草、高秆类植物，其次为豆科牧草。耐粗性好，食量大。适宜的牧草品种有一年生和越年生的多花黑麦草、冬牧70黑麦草、杂交狼尾草、苏丹草、草木樨、籽粒苋、多年生苇状羊茅、鸡脚草、百喜草、紫花苜蓿、红三叶、沙打旺、串叶松香草、鲁梅克斯K—1等。

羊为草食性家畜，喜啃食矮小干燥的牧草。适宜的牧草品种有一年生和越年生的多花黑麦草、冬牧70黑麦草、杂交狼尾草、苏丹草、毛苕子，多年生的苇状羊茅、早熟禾、鸡脚草、百喜草、紫花苜蓿、白三叶、红三叶、串叶松香草、沙打旺等。

兔为单胃草食性小动物，偏爱多叶性牧草。适宜的牧草品种有一年生和越年生的多花黑麦草、冬牧70黑麦草、苏丹草、籽粒苋、苦荬菜、紫云英、箭舌豌豆、毛苕子，多年生的早熟禾、鸡脚草、紫花苜蓿、白三叶、红三叶、串叶松香草、菊苣、聚合草、鲁梅克斯K—1等。

鹅为草食家禽，最喜叶多茎少的叶菜或豆科牧草，其次为禾本科牧草。适宜饲喂鹅的牧草品种有冬牧70黑麦草、苦荬菜、白三叶、鸡脚草、菊苣、鲁梅克斯K—1、紫花苜蓿等。

猪最喜食菊科、旋花科多汁牧草，其次为豆科和禾本科牧草。如一年生籽粒苋、苦荬菜、紫云英、金花菜、箭舌豌豆等，多年生的白三叶、串叶松香草、菊苣、聚合草、鲁梅克斯K—1等。

三、畜禽青饲量

畜禽的活体重与青饲料的采食量呈正相关的关系。较大体重的家畜，如牛、马的青饲料需要量大。奶牛每日青饲料需要量为50～60千克，包括青年牛、犊牛在内的混合牛群，平均每头的需要量为30千克；绵羊需要量为9千克，山羊、滩羊、湖羊每天每只青饲料需要量为8～9千克；猪为杂食家畜，为节省精料，降低成本，也需要一定量的青饲料，一般为日喂量5～7千克；兔、鹅等较小体重的畜禽需要量则小，兔为2千克，鹅为2～3千克，鸡为0.1千克。

四、牧草的季节分配及利用

畜禽的生长发育，需要不间断地提供饲草和饲料，在精料保证的前提下，青饲料常年供应不脱节，才能实现畜禽的正常生长发育和畜禽产品源源不断地产出，满足市场需要。青饲牧草的合理搭配有利于较长时间地直接供应新鲜、青绿饲料。以奶牛为例，在长江中下游农区，延长青饲时间，保证四季供应青饲料的主要做法是：

（1）春季 3—6 月，选择利用温带型草种，如多年生红三叶、白三叶、紫花苜蓿，禾本科的牛尾草，一年生黑麦草为主栽草。

（2）夏季高温季节 6—10 月，温带型草种停止生长，选择利用热带型草种，如杂交狼尾草、宁杂 3 号狼尾草、苏丹草之类。

（3）从 11 月至翌年 3 月初为枯草期，主要喂饲青贮和多汁饲料，实现一年四季青饲料的不间断供应。

第三节　青干草调制

一、青干草的水分散发过程

刈割后的牧草散发水分的过程大致分为两个阶段，即凋萎期和植物细胞酶解作用为主的过程。凋萎期牧草植物体内水分向外散发迅速，在良好天气经 5～8 小时左右，水分减少到 40％～55％。散失水分的速度取决于空气中的含水量和空气流速，晒制干草应选择天气晴朗、有微风、干燥的天气，促使水分迅速散失。植物细胞酶解作用为主的过程是指植物体内的水分散失较慢，水的散失由蒸腾作用为主转为以角质层蒸发为主，角质层有蜡质，阻挡了水分的散失，使牧草含水量由 40％～55％降低到 18％～20％，需要 1～2 天。

为了使水分快速散失，尽量使植物各个部位均匀干燥，可采取勤翻晒的方法。牧草经紫外线照射，植物体内麦角固醇可转化为维生素 D 储存于干草中，是枯草季节维生素的良好来源。牧草体内的有机物氧化产生醛类和醇类，使干草有一种特殊的芳香气味，增加了牧草的适口性。

二、青干草的调制方法

由新鲜牧草变为水分含量达到能够长期储存的干草，一个关键环节就是干燥。为了获得优良的牧草，在牧草营养成分含量最高时期进行刈割，刈割后必须有一个干燥的调制过程，干草干燥调制的方法大致可分为自然干燥和人工干燥以及使用化学制剂干燥三大类。

1. 自然干燥法

自然干燥法就是将牧草刈割后利用太阳晾晒，使水分降低到 15％～18％，最高不超过 20％的标准含水量，然后堆垛或压捆储存，是简单易行的传统方法。自然干燥法不需要特殊设备，尽管在很大程度上受天气条件的限制，但为我国目前采用的主要干燥方法。与人工干燥法相比，自然干燥法效率较低、劳动强度大、制作的干草质量差，但成本低。自然干燥法又可分为地面干燥法、草架干燥法和发酵干燥法三种。

（1）地面干燥法。也叫田间干燥法，牧草刈割后在原地或另选地势较高处晾晒，大约4～6小时后使其干燥到水分含量大致为40%～50%，用搂草机搂成草条继续干燥。然后根据气候条件和牧草的含水量进行草条的翻晒，使牧草水分降至35%～40%，此时牧草的叶尚未脱落，用集草器集成0.5～1米高的草堆，保持草堆松散通风，每隔数小时翻动一次，以加速水分蒸发，经1.5～2天达到完全干燥。牧草的叶开始脱落时叶片含水量豆科牧草为26%～28%，禾本科牧草为22%～23%，此时牧草全株的含水量在35%～40%以下。为了保存价值较高的叶，搂草和集草作业应该在牧草水分不低于35%～40%时进行。

（2）草架干燥法。在湿润地区或多雨地区牧草收割时，用地面干燥法调制干草容易导致牧草腐败和养分损失，不易成功，因此，可以在专门制作的干草架上进行干草调制。

干草架主要有独木架、三脚架、铁丝长架和棚架等。将刈割后的牧草自上而下地放置在干草架上，厚度不超过70厘米，保持蓬松，有一定斜度，以利采光和排水。草架干燥虽花费一定物力，但制得干草品质较好，养分损失比地面干燥减少5%～10%。晒制好的干草要合理储藏，最好是用搭棚堆藏，也可以露天堆垛。搭棚时注意加防潮底垫，露天时注意务必使中间高四周低。

（3）发酵干燥法。在多雨地区，光照时间短，光照强度小，不能用普通方法调制成干草时，可用发酵干燥法调制。发酵干燥法的原理是用化学物质破坏植物体表面的蜡质层结构，促进植物体内水分蒸发，加快干燥速度，减少叶片脱落，减少蛋白质、胡萝卜素和其他维生素的损失。但发酵干燥法的机器设备等消耗大，所以应慎用。

具体方法是将刈割的牧草平铺，经过短时间的风干，当水分降低到50%时分层堆积成3～5米高的草垛逐层压实，表层用土或地膜覆盖，使牧草迅速发热，经2～3天草垛内的温度上升，牧草全部死亡，打开草垛，随着发酵热量的散失，经风干或晒干，制成褐色干草，略具发酵的芳香酸味，家畜喜食。

如遇阴雨连绵天气无法晾晒时，可堆放1～2个月，一旦无雨马上晾晒，容易干燥。发酵干燥法虽然减少了蛋白质、胡萝卜素、维生素等营养的损失，但成本比地面干燥和草架干燥方法高，适宜在大型草场进行。

2. 人工干燥法

人工干燥法就是通过人工热源加温使牧草脱水（利用各种能源对牧草进行人工脱水干燥）。人工干燥法所调制的干草品质好，但成本高。具体方法是将刈割的鲜草或稍作晾晒的预干草用人工控制的温度和通风迅速干燥到标准含水量，然后压捆储存，其制品可保存鲜草的营养物质达90%～95%。鲜嫩牧草经人工干燥后的营养价值可高于精料，人工干燥可减少牧草自然干燥过程中营养物质的损失，使牧草保持较高的营养价值。人工干燥法主要有常温鼓风干燥和高温快速干燥。

（1）常温鼓风干燥。牧草的干燥可以在室外露天堆贮场，也可于草棚中进行，堆贮场和干草棚中都安装常温鼓风机。不论是散干草还是干草捆，经堆垛后，通过草堆中设置的栅栏通风道，用鼓风机强制吹入空气，均可干燥。

常温鼓风干燥适于在干草收获时期，大部分白天、早晨和晚间的相对湿度低于75%和温度高于15℃的地方使用。在空气相对湿度高的地方，鼓风用的空气应适当加温。干草棚常温鼓风干燥的牧草质量优于晴天野外调制的干草。

（2）高温快速干燥。用烘干机将牧草水分快速蒸发掉，含水量80%～85%的新鲜牧草在烘干机内经数分钟，甚至几秒钟可使水分下降到5%～10%。

此法调制干草对牧草的营养价值及消化率影响很小。如早期收割的紫花苜蓿和三叶草用高温快速干燥法制成的干草粉含粗蛋白质20%，每千克含200～400毫克胡萝卜素和24%以下的纤维素。

除以上几种方法以外，在高寒地区，还可以适当延迟牧草播种期，使霜冻期与牧草抽穗或开花期重合，以获得品质良好的冻干草。

3. 使用化学制剂干燥

应用较多的化学制剂有：碳酸钾、碳酸钾和长链脂肪酸的混合液、碳酸氢钠等。化学制剂干燥法的原理是这些化学物质能破坏植物体表面的蜡质层结构，促进植物体内的水分蒸发，加快牧草干燥速度，减少牧草茎叶脱落，从而减少了蛋白质、胡萝卜素和其他维生素的损失，但成本相应增加，具体操作可参照化学制剂的使用说明。

三、青干草的储藏

良好的储藏是保证青干草品质的关键。方法不当，会影响干草质量，甚至还会发生火灾。干草的营养物质在储藏过程中由于设备、方法的不同，消耗和损失差异很大，露天堆垛营养损失为20%～38%，胡萝卜素损失达50%以上，垛底霉烂有的深达1米多，尤其是雨淋后损失更大；草棚保存营养损失较小，为3%～5%，胡萝卜素损失达20%～30%；高密度草捆营养损失仅为1%，胡萝卜素损失达10%～20%。

储藏的方式有以下几种：

1. 散干草堆藏

干草的水分含量降到16%～19%时可进行堆垛。有露天堆垛和草棚堆藏两种。

露天堆垛是将散干草堆成方形或圆形草垛，这种方法经济简便。农区、牧区多采用这种方法。由于是露天，易受风雨危害，使干草褪色，营养损失大，垛内积水还会发生霉烂。因此要选择地势高燥、背风和排水良好的地方堆草，分层堆积，中心要压实，四周边缘要整齐，垛顶要高，呈圆形，从垛底到收顶应逐渐放宽约1米左右，形成上大下小的形状。顶部封严压好，以防漏雨漏水。

草棚堆藏适宜雨量大的地区或规模大的牧场，建造草棚储藏干草可以大幅度降低青干草的营养损失。

2. 草捆储藏

草捆储藏是利用打捆机械把干草压缩成长方形或圆形草捆进行储藏，这种方式便于运输，减少储藏空间，还节约劳动力，并且青干草的营养损失大大降低。目前国内有专门的打捆机，作业时前边捡拾，后面打捆，可以根据需要打成不同规格的草捆。

3. 半干草储藏

在雨水较多的地区，为了调制优质干草，可在牧草含水量为35%～40%时打捆，用打捆机压紧，使草捆内部形成厌氧环境而不会发生霉变。为了防止霉变，也可用0.5%～1%的丙酸喷洒草表面，不仅可以杀菌，还可以提高质量。

四、干草的品质鉴定

优质干草呈青绿色，叶片多且柔软，有芳香味。干草的品质分级，各国都有自己国家颁布的标准。干草品质的好坏，直接反映干草本身的经济价值和效能，对于干草品质的鉴定、分级标准有多种，有按各种畜禽的消化率评定的，有按干草的化学成分作为依据进行评定的，由于条件所限，我国目前还不能按这种标准来评定。我国通常采用干草的物理性状作为评定标准，在生产实践中一般从以下几个方面进行：

1. 含水量

干草的标准含水量应为14%～18%，用直观法较容易鉴定。将干草贴在面部，不凉爽也不湿热，好像没有水分的木片一样。含水15%的禾本科牧草用手搓发出沙沙声，茎秆易断，拧不成草辫；豆科牧草叶片大部分脱落，茎秆易断，发出清脆的断裂声。含水25%左右的禾本科牧草用手搓时不发生沙沙响声，拧成草绳不易折断；含水25%左右的豆科牧草用手摇晃草束叶片发出沙沙声，脱落。含水量在50%以下的禾本科牧草，晾晒后茎叶变成深绿色，取一束草用力拧，呈绳状不出水；含水量在50%以下的豆科牧草，叶片卷缩呈深绿色，叶片呈筒状，茎的表皮能用手指甲刮下。

2. 颜色

绿色成分越多，营养损失越少。

3. 气味

调制得当的干草应有清新芳香气味。

4. 草龄

牧草中如有大量花序尚未结子，表示收割适宜，品质好。

5. 叶片数量

叶片多表示调制收藏适当，营养价值高。

6. 植物成分

豆科牧草比重大表示成分优良，禾本科、莎草科牧草较多时成分中等，有毒有害植物超过1%不能做饲料用。

五、青干草的饲喂

猪禽等单胃动物只宜利用高质量或粗纤维含量较低的某些干草，如紫花苜蓿、紫云英等，且需限量饲喂，粉碎拌以精饲料饲喂为宜；牛羊利用干草可不受限制，但要注意采食过程中不要浪费。最好适当切短，高低质量干草搭配饲喂，用饲槽让牛羊随意采食较好；有条件的情况下，干草制成颗粒饲用，可明显提高干草利用率。

第四节　优质牧草的青贮

牧草的青贮是利用微生物的发酵作用，将新鲜牧草（含饲用作物）置于厌氧环境下，经过乳酸发酵，对青绿多汁饲料的营养特性进行长期保存，从而制成一种多汁、耐储藏的、可供家畜长期食用的饲料，是扩大饲料来源的一种非常简单、实用而经济的方法，是能够常年为家畜供应均衡青绿多汁饲料的有效措施。多年生产实践证明，饲料青贮是调剂青绿饲料歉丰，以旺养淡，以余补缺，合理利用青饲料的一项有效方法。我国北方牧区过去长期采用靠天养畜的落后放牧形式，冬春季牧草极缺，大力发展青贮牧草和青干草对我国北方畜牧业的发展有重要意义。

一、牧草青贮的优点

1. 青贮饲料抗逆性强，适应范围广

青贮饲料由于收割、储藏时间不受气候条件限制，因此对环境的抗逆性强，适应范围广。尤其是在东北，冬春的寒冷季节长达 7 个月，冬天缺青的时间长，青绿饲料的生产受到限制。由于饲料中维生素的含量不足，在生产实践中造成高产家畜新陈代谢病的发病率明显增高，尤其是怀孕后期的家畜发生软骨病和产后瘫痪的现象时有发生，而青贮饲料中，含有的维生素比较多，在这种情况下，牧草及秸秆的青贮则显示出了其独有的优越性。

2. 青贮饲料消化性强，适口性好

青绿多汁饲料，经过微生物发酵作用，产生大量芳香族化合物，具有酸香味，柔软多汁，适口性好，家畜喜食。如马铃薯、菊芋、向日葵茎叶、蒿属、苔属植物等，制成干草后，具有特殊气味，或质地粗硬，家畜一般不愿采食，但经青贮发酵后，可以成为家畜喜食的良质青绿多汁饲料，水分含量达 70%，适口性好。青贮料的消化利用率要比同类饲料高，这是由于青饲料经过青贮发酵后，原来难以消化的粗纤维变为糖的缘故，单是这一部分，即可以提高消化率 10.9%以上。青贮料对提高家畜日粮内其他饲料的消化性，亦有良好的作用。

3. 青贮饲料可以长期保存

良好的青贮料管理得当可储藏多年，最久者可达 20～30 年。因此调制青贮料，可以保证家畜一年四季都能吃到优良的多汁粗饲料。北方冬春季节长，气候寒冷，生长期短，青绿饲料生产受限制，青贮料可作为青绿多汁饲料常年饲喂各种家畜。

4. 青贮饲料单位容积内储量大

1 立方米干草约 70 千克左右，约含干物质 60 千克。而青贮饲料储藏所占空间比干草小，1 立方米青贮料重量为 450～700 千克，其中含干物质为 150 千克。因此便于储藏，同时也避免了因雨、雪等自然灾害因素的影响，减少了给畜牧业带来的不必要经济损失，尤其体现在自然灾害的多发地区。为畜牧业的健康、稳定发展，提供了饲草保障基础。

5. 调制青贮饲料受天气影响较小

在阴雨季节或天气不好时，水分散失速度慢，晒制干草困难，但调制青贮饲料则影响较小，只要按青贮条件要求严格掌握，仍可制成优良青贮料。

6. 养分损失小

在调制干草时，常因落叶、氧化、风干等原因造成营养物质损失，有时达 30%～40%，而其中的胡萝卜素损失可达 90%左右，但是在青饲料青贮过程中，其营养物质损失一般不超过 10%，尤其是粗蛋白质和胡萝卜素的损失极小。在优良的青贮条件和合理的储存方法情况下，营养成分甚至可以全部保存。如甘薯藤青贮时，每 100 克干物质中含有胡萝卜素 9.50 毫克，与新鲜甘薯每 100 克干物质中含有胡萝卜素 7.60～10.50 毫克很接近。如果晒制干饲料，那么每 100 克干物质所含的胡萝卜素便只剩下 0.25 毫克，损失达 90%以上。

7. 显著提高家畜的生产性能

青贮料可作为青绿多汁饲料常年饲喂各种家畜。对种畜、幼畜都较好，可提高繁殖率、泌乳力，促进幼畜的生长发育。青贮饲料由于微生物的发酵作用，将一定数量的粗纤维和植物细胞中的糖分，通过有益菌的新陈代谢，转化成动物能够直接消化吸收利用的菌体蛋白，增加了饲料中的蛋白质含量，在很大程度上提高了家畜的生产性能。如一头奶牛饲喂青贮饲料要比不喂青贮饲料的奶牛每年多产出 1 吨鲜奶；用青贮饲料饲喂肉用家畜，可以提高 10%的增重率。变废弃的粗饲料为有利用价值的青贮饲料，从而扩大了粗饲料的来源，降低了生产成本，提高了经济效益。

8. 扩大饲料来源

原来畜禽不喜欢采食的或不能采食的野草、野菜、苦树叶等无毒青绿植物，经过青贮发酵变成了畜禽喜食饲料，如向日葵、菊芋、野蒿草等。有的新鲜时有臭味，有的质地较粗硬，一般家畜利用率很低。如果把它们调制成青贮饲料，不但可以改变口味，并且可软化秸秆原料，增加可食部分的数量和营养成分，使家畜常年保持高水平的营养状态和生产水平，有效增加了饲料的来源。

9. 可以消灭害虫及杂草

危害农作物的很多害虫，多寄生在收割后的秸秆上越冬或繁殖，如果把这些农作物秸秆铡碎青贮，由于青贮料里缺乏氧气，并且酸度较高，可以将许多害虫杀死。还有许多杂草的种子，经过青贮后便可失去发芽能力，如将杂草及时青贮，不仅给家畜储备了饲草，也减少了杂草滋生，起到了一定的抑制作用，有利于畜牧业和农业的再生产。

二、牧草的青贮原理

青贮是利用微生物的厌氧发酵作用来完成的，青贮发酵是一个复杂的微生物活动和生物化学变化过程，其中乳酸菌是主要的发酵菌。

刚刚刈割的青饲料中，带有各种细菌、霉菌、酵母等微生物，其中腐败菌最多，乳酸菌则很少，新鲜青饲料上腐败细菌的数量，远远超过乳酸菌的数量。青饲料如不及时青贮，在田间堆放 2～3 日后，腐败细菌增加更多，1 克青饲料中往往可达数十亿以上。

在青贮过程中植物细胞因受机械压榨而排出液汁，其内含有丰富的可溶性碳水化合物等养分，这就为微生物活动提供了良好的生活条件，使各种微生物迅速开始活动。在青贮最初几天以需氧性微生物，如腐败细菌、霉菌等繁殖最为强烈，它使青贮料中蛋白质破坏，形成大量吲哚和气体以及少量醋酸等。随着氧气的减少，需氧性微生物活动很快变弱或停止，厌氧性乳酸菌的活动便居于主导地位。乳酸菌迅速繁殖（青贮饲料所含的水分一般为 65%～75%，最适宜乳酸菌的繁殖），形成大量乳酸。酸度增大（乳酸菌是非常耐酸的一种细菌，在 pH 值 3～3.5 的环境中仍能继续生存，但是在乳酸含量增多的同时，也逐渐造成了乳酸菌本身致死的环境。由于乳酸菌作为一种防腐剂，能将青贮饲料长时间保存下来，因此，如何使乳酸菌大量繁殖，是饲料青贮成功的关键问题），致使腐败细菌、酪酸菌等活动受抑停止，甚至绝迹。在装储后 3～7 天内，青贮料颜色发生变化，一般由绿色变成黄绿色。在正常青贮时，青饲料中易溶性碳水化合物全部转化成乳酸、醋酸、玻璃酸以及醇类，其中主要为乳酸，同时放出少量的热量。

三、牧草青贮的条件

1. 应有适当的含糖量

为保证乳酸菌的大量繁殖，形成足量的乳酸，青贮原料中必须含有最低需要的含糖量。如果青贮饲料中的含糖量不足，乳酸菌的发育就会受到阻碍。豆科植物含蛋白质多，如果条件允许，可以加 10%左右的米糠进行混合青贮，这样能提高青贮饲料的品质。

2. 水分含量调节适中

青贮原料中含有适量水分，是保证乳酸菌正常活动的重要条件。水分含量过高或过低，均会影响青贮发酵过程和青贮饲料的品质。如水分过低，青贮时难以踩实压紧，窖内留有较多空气造成好气性菌大量繁殖，使原料发霉腐烂。水分过多时易压实结块，利于酪酸菌的活动。收割早，幼嫩、多汁柔软的原料，含水量应低些，以 60%为宜。含水过高或过低的青贮原料，青贮时均应进行处理或调节，对水分过多的饲料，青贮前应稍晾干凋萎，使其水分含量达到要求后再行青贮。如凋萎后水分含量过低而不能达到适宜含水量，应把水添加于青贮原料，待水分含量达到65％～70％时，再将饲料混合青贮。

3. 青贮原料应切短

原料切短后青贮，易装填紧实，使原料内空气排出。装填不紧实时，原料内空气过多氧化作用强烈，温度升高（可达60℃），使青贮料糖分分解，维生素破坏，蛋白质消化率降低，造成养分损失，氧化作用严重时会导致变质，因此装填必须紧实。

另外，青贮原料切短后取用方便，家畜容易采食。同时原料切短或粉碎后，青贮时易使植物细胞渗出液汁，湿润饲料表面，有利于乳酸菌的生长繁殖。切短程度应看原料性质和畜禽需要来定。

对牛、羊来说，细茎植物如禾本科牧草、豆科牧草、草地青草、甘薯藤、幼嫩玉米苗、叶菜类等，切成3～5厘米长即可；对粗茎植物如玉米、向日葵等，切成2～3厘米较为适宜。对猪、禽来说，对各种青贮原料，均应切得越短越好；叶菜类和幼嫩植物，也可不切短青贮。幼嫩植物切得过细，含水量又高，装填过于紧实时，则给酪酸菌繁殖创造了有利条件，使青贮料腐臭结块，品质变坏。

一般装储紧实程度适当的青贮饲料，发酵温度在30℃左右，最高不超过38℃。抑制不良发酵可使用甲酸作青贮饲料添加剂，青贮饲料的营养物质损失可降低50％～67％，饲料利用率可提高10％～20％，每吨青贮原料中其添加量一般为95％甲酸2.8千克。

四、牧草青贮的设施设备

调制青贮饲料需有一定的设施设备，如青贮窖、青贮袋、草捆青贮、青贮塔、青贮坑、青贮壕等。

1. 青贮窖

（1）青贮窖的建筑要求

1）青贮的场址宜选择在地质坚硬，地势高燥，地下水位低，靠近畜舍，远离水源和粪坑的地方。

2）青贮设备要坚固牢实，不透气，不漏水。尤其是地面要夯实（处理严实），标准是不能让地下的潮气透上来，造成青贮料氧化变质。

3）青贮建筑物内部要光滑平坦，为方形或长方形，四角要挖成半圆形，使青贮料能均匀下沉，不留空隙。窖壁应有一定倾斜度，上小下大，防止倒塌，便于压紧。底部必须高出地下水位0.5米以上，以防地下水渗入青贮料。长方形青贮窖窖底应有一定的坡度，避免积水。

（2）青贮窖的类型。可分为地上式、地下式、半地下式三种，如图2—1至图2—3所示。从实践看，最实用的是地上式，因此这里只介绍地上式，即地面以上建窖。有三种规格，一是适合小型畜牧场用的规格：宽 5.5 米，高 2.5 米，长可根据具体情况而定，上面是敞开的，以便用塑料薄膜封顶；二是适合中型畜牧场用的规格：宽 8 米，高 3 米，长视具体情况而定，上面是敞开的，以便用塑料薄膜封顶；三是适合大型畜牧场用的规格：宽 13.6 米，高 3 米，长可以根据具体情况而定，上面是敞开的，以便用塑料薄膜封顶。总的要求是地面要处理好，不管采取哪种措施，要把地面夯实，不能让地下的潮气返上来，要求地面和墙达到不透风、不透水、不透气的标准。

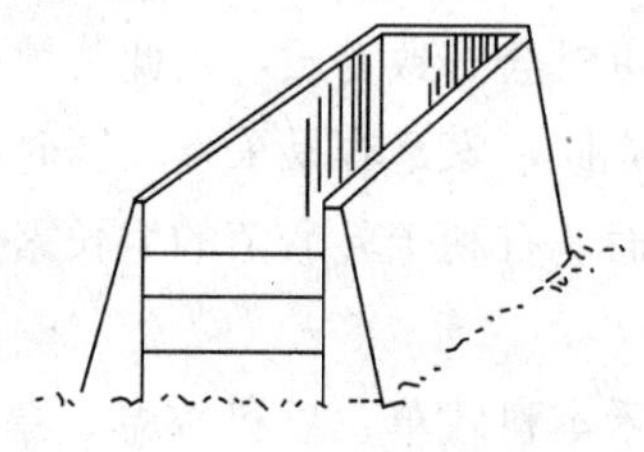

图 2—1　地上式青贮窖

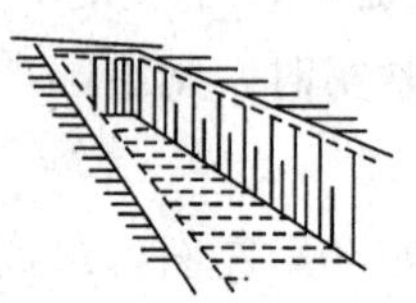

图 2—2　地下式青贮窖

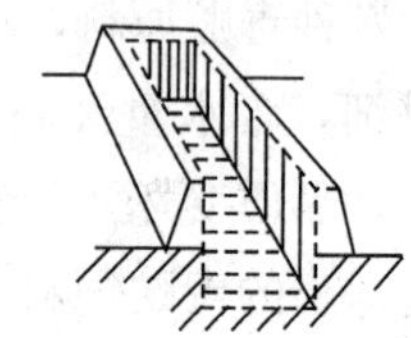

图 2—3　半地下式青贮窖

2. 青贮袋

袋装青贮技术的出现，使青贮饲料的使用进一步扩大，但成功的使用必须与相应的机械结合。有大型塑料袋与专用机械，可以高效地进行装填料与压实作业，降低了劳动强度，每袋可储存青贮料数十吨，露置田野，逐袋取用，储存损失小，地点灵活，一次性投资相应较小。

我国目前以小型袋较为适用。中国农业科学院草原研究所设计了一种小型青贮袋装机，已投入生产，每袋可储料 50～80 千克。要求塑料袋的原材料厚度 0.15～0.2 毫米，深色，有较强的抗拉力，气密性好，存放场地要防止鼠虫为害。唯一的缺点是青贮袋的成本要稍高一些。

3. 草捆青贮

草捆青贮是在普通青贮方法基础上发展起来的技术，主要适用于牧草，将收割的青牧草用机械压制成圆形紧实的草捆，装入塑料袋并扎紧袋口便可存放，或由缠绕机用薄膜将草捆缠绕紧实。其他要求与袋贮相同。

4. 青贮塔

畜牧业发达的国家把青贮塔看做是常规的青贮设施。青贮塔是直立的地上建筑物，呈圆形，类似瞭望塔，这是一种永久性设施，结构上必须能承受装满饲料后内部形成的巨大压力，内壁要求平滑，饲料能顺利自然下沉。

5. 青贮坑

青贮坑多采用长方形，简易的坑是挖出长形土坑，四壁拍打紧实，衬垫塑料膜即可使用。这种坑用一次后，要认真整修再用，多数用完填平重挖。永久性的青贮坑为砖石砌，水泥抹平，一端留有斜坡，以便取料时进出方便，此为地下式；半地下式用在地下水位较高的地区，不宜挖得太深，砌墙时高出地面 1 米左右，墙外仍须堆土加固，若机械作业，窖宽 3 米以上，深度 2～4 米不等，长度依地形和储存原料多少而定。

6. 青贮壕

青贮壕分两种形式，一为壕沟式，在山坡或土丘顶挖一个长条形沟，依地下水位情况，沟深 2～3 米，宽与长度依原料多少而定，沟壁和底部要求平整，上口比底略宽，沟的一端或两端有斜坡连接地面，如果直接使用，壁和底应铺垫塑料膜，最好砌砖石，水泥抹平；装填青贮料时汽车或拖拉机可从一头开进至另一头开出；人工或机械作业方便，造价低，能适应不同生产规模；但要求地面排水良好。另一种称箱板式，适于建立在地势平坦、石头地面或各种不宜挖沟的地方，两侧为钢筋水泥预制板块，可以拼接，外面用柱子顶住，板块略向外倾斜，使上口比底大，使用时内壁衬贴塑料膜。此种结构是青贮壕的发展，也可称做地面青贮堆，便于机械作业，建设地点灵活，可以搬迁。

五、青贮饲料的制作步骤

1. 青贮饲料作物和牧草的适时收割

优质青贮原料是调制优良青贮料的物质基础。适期收割，不但可从单位面积上获得最大营养物质产量，而且水分和可溶性碳水化合物含量适当，有利于乳酸发酵，易调制成优质青贮料。一般收割宁早毋迟，随收随贮。收果穗后的玉米秸在玉米果穗成熟，玉米秆仅下部 1～2 片叶枯黄时立即收割；豆科牧草及野草在现蕾期至开花初期；禾本科牧草在孕穗至抽穗期；甘薯藤在霜前或收薯前 1～2 天；马铃薯茎叶在收薯前 1～2 天。水分太大的饲料在霜冻前要先凋萎 2 天左右。

2. 切短

青贮原料收割后，应立即运至储藏地点切短青贮。小量原料可用铡草刀铡短，大规模青贮，需用青贮料切碎机切短。饲喂牛、羊的青贮饲料切成 3 厘米左右长即可；对粗茎植物或粗硬的细茎植物如玉米、向日葵等，切成 2～3 厘米较为适宜。饲喂猪、禽的青贮饲料，切得越细越好。大型青贮料切碎机每小时可切 5～6 吨，最高可切到 8～12 吨。小型切草机每小时可切 250～800 千克。目前国外及我国部分农场已利用青贮玉米割切联合收获机，在田内将割下的玉米直接切碎装入青贮窖内，劳动生产率更加提高。

3. 装填与踏实

铡短的青饲料，应即时装填。装填前，窖底部可填一层 10～15 厘米厚的切短秸秆或软草，以便吸收青贮液汁。在窖壁四周可铺填塑料薄膜，加强密封，防止漏气透水。

装填时，应根据青贮料含水多少进行水分调节。特种青贮时应进行添加物的补加混合。装填青饲料时应逐层装入，每次（层）装 15～20 厘米厚，即应踩实，然后再继续装填。高水分原料添加粗干饲料，或准储原料添加富含碳水化合物如糠麸、谷实类等混合青贮时，干粗饲料或糠麸谷实物等应与青饲料间层装填，或分层混合青贮。

装填应特别注意紧实，四角与靠壁的地方尤应注意。边装边踏实，一直装满窖并超出窖面 2～3 尺（以利于排水）为止。长形窖、青贮壕或地面青贮时，可用马车或拖拉机进行碾压，小型窖亦可用人力踏实。青贮料紧实程度是青贮成败的关键之一，青贮紧实度适当，发酵完成后饲料下沉不超过深度 10%。

4. 密封

严密封窖、防止漏水通气是调制优良青贮料的一个重要环节。青贮容器密封不好，进入空气或水分，有利腐败细菌、霉菌等繁殖，使青贮料变坏。青贮原料装储到超过窖口 60 厘米以上时，即可加盖封顶。封顶时先盖一层切短秸秆或软草（厚 20～30 厘米）或铺盖塑料薄膜，然后再用土覆盖拍实，厚 30～50 厘米并做成馒头形，以利排水。

5. 密封后的管理

青贮窖（壕）密封后，为防止雨水渗入窖内，距窖四周约 1 米处应挖沟排水。以后应经常检查，窖顶有裂缝时，应及时覆土压实，防止漏气，防止雨水淋入，同时还要防止鼠害。青贮过程的时间越短越好，最好在 2～3 天内完成，以防青贮原料腐败变质，影响饲喂效果。

六、青贮饲料的品质鉴定

青贮饲料一般经 17～21 天的乳酸发酵，即可开窖取用。通过品质鉴定，可以检查青贮技术是否正确。青贮饲料品质的优劣与青贮原料种类、刈割时期以及青贮技术等，有密切的关系。判断青贮饲料营养价值的高低，采用以下方法。

1. 感观鉴定法

根据青贮料的颜色、气味、口味、质地、结构等指标，通过感官评定其品质好坏的方法称为感官鉴定法。这种方法简便、迅速，不需要仪器设备，生产实践上能普遍应用。感观鉴定标准如下：

（1）质量优良。青绿或黄绿色，有光泽，近于原色，芳香酒酸味，香味浓郁，表面湿润、紧密，茎叶花保持原状，容易分离。

（2）质量中等。黄褐或暗褐色，有刺鼻酸味，香味淡，茎叶花部分保持原状，柔软，水分稍多。

（3）质量低劣。黑色、褐色或暗墨绿色，具特殊刺鼻腐臭味或霉味，烂泥状，黏滑或干燥或黏结成块，无结构。

2. 实验室鉴定法

实验室鉴定内容，包括青贮料的 pH 值（酸碱度）、各种有机酸含量、微生物种类和数量、营养物质含量变化以及青贮料可消化性及营养价值等，其中以测定 pH 值及各种有机酸含量较普遍常用。

（1）pH 值（酸碱度）。这是衡量青贮料品质好坏的重要指标之一。优质青贮料，pH 值要求在 4.2 以下。超过 4.2（半干青贮除外）说明青贮发酵过程中，腐败细菌、酪酸菌等活动较为强烈。劣质青贮料 pH 值高达 5～6。实验室测定 pH 值可用精密雷磁酸度计测定。生产现场可用精密石蕊试纸测定，方法简便迅速。

（2）有机酸含量。这是评定品质优劣的可靠指标。前苏联 N·C·波波夫教授按酸量提出了评定青贮料品质的等级标准。良好的青贮料，含有较多的乳酸，少量醋酸，而不含酪酸。品质差的青贮料，含酪酸多而乳酸少。

七、青贮饲料的喂饲技术

1. 正确取用

以青贮窖为例。仅从一端开窖饲喂，开窖时先清除窖口边封盖的泥土。长方形窖应从逆风一端开口，在一个横断面上分段取料，取后的横断面要保持水平垂直，切不能以打洞的形式往深处掏挖，以免引起二次发酵；圆形窖应自表面向下一层一层地取用，使青贮饲料始终保持在一个平面上，切忌由一处向下掏取。

不管哪种形式的窖，每天至少取出 6～7 厘米厚，每次取料后都要用塑料布将暴露的层面盖严封好，使之不透气；地下窖开窖后应做好周围排水工作，以免雨水和融化的雪水流入窖内，使青贮饲料发生霉烂。如因天气炎热或其他原因保存不当，表面的青贮饲料变质，应及时取出抛弃，以免引起家畜中毒或其他疾病。由窖内取出的青贮料数量应以一次用完为限，平时应随喂随取，用多少取多少，不宜放置过久。

2. 科学饲喂

青贮饲料优质多汁、营养丰富、适口性好，家畜喜食。但如果饲喂不科学，则难以收到良好的效果。

（1）要逐渐过渡。初喂青贮饲料时，部分家畜会因不习惯而拒食，这就需要进行驯饲。驯饲的方法有四种：一是在饥饿空腹时先喂少量青贮饲料，再喂其他饲料。二是将少量青贮饲料与精饲料混合后饲喂，然后再喂其他饲料。三是将青贮饲料放在饲槽的底层，上层放常喂的草料，让家畜逐渐适应气味。四是将青贮饲料与其他常用草料搅拌均匀后饲喂。在驯饲的基础上，青贮饲料的用量可由少到多逐渐增加。

（2）减轻酸味。酸味太重的青贮饲料，如果饲喂家畜有腹泻现象出现，则应停止饲喂。可用 1%～2%石灰水对这种料进行处理，用鼻闻、口尝无强烈酸味即可。还可以给家畜饲喂适量的碳酸氢钠，用以中和其酸性，尤其是长期喂以青贮饲料的家畜，但喂量不宜太多。

（3）要以质定量。品质好的青贮饲料可以多喂一些，反之则应少喂。铡得过细的青贮饲料对牛、羊反刍不利，要与优质干草结合起来饲喂。

（4）要注意卫生。每次饲喂前都要将槽内剩料清理干净，以免陈饲料污染新饲料影响家畜食欲。冬季若青贮饲料上结冰，应融化后再喂，否则易造成母畜流产。奶牛应在挤奶后再喂青贮饲料，挤奶房间忌堆放青贮饲料，以防影响鲜奶的气味。

（5）要分畜种饲喂。饲喂青贮饲料可提高奶畜的产奶量，奶牛、奶羊可适当多喂。因青贮饲料含有大量的有机酸，有轻泻作用，妊娠后期的母畜应少喂为宜。青贮饲料酸度过大会影响种畜精液品质，因此种公畜也以少喂为宜。

（6）要配合使用。一般不要单独用青贮饲料饲喂家畜，应按一定比例与其他饲料混合饲喂，一般不超过家畜日粮的 50%。各类家畜青贮饲料的参考喂量为：每头奶牛 15～20 千克/天，最大量可达 60 千克/天，妊娠最后 1 个月的母牛不应超过 10～12 千克/天・头，临产前 10～12 天停喂青贮饲料，产后 10～15 天在日粮中重新加入青贮饲料；肉牛和役牛喂量为 10～17 千克/天・头；公牛喂量为 1.0～1.5 千克/天・100 千克。马对青贮饲料品质要求苛刻，反应敏感，只能喂给高质量含水量少的玉米青贮饲料，役马饲喂量为 10～15 千克/天・匹；种母马和 1 岁以上马驹为 6～10 千克/天・匹；怀孕的少喂或不喂青贮饲料，以免引起流产。羊能有效地利用青贮饲料，其喂量为：绵羊 4～5 千克/天・只，羔羊 400～600 克/天・只；驴喂量为 5～8 千克/天・头；兔喂量为 400～600 克/天・只。

第五节　优质牧草的黄贮

黄贮，也是通过微生物对秸秆中纤维素、半纤维素降解并转化，使作物秸秆变成含有菌体蛋白、带有酒香酸味、家畜喜食的粗饲料。黄贮饲料富含氮、磷、钾、钙、镁和有机质等，是具有多用途的可再生的生物资源。其粗纤维含量为 30%～40%，含有的木质素能被反刍动物牛、羊等牲畜消化利用。根据我国农村实际情况，作物秸秆是黄贮的最主要原材料，所以本节以秸秆为代表进行讲解。

一、我国秸秆的利用现状

我国每年产生 7 亿多吨农作物秸秆，开发利用的潜力很大。农村开发秸秆资源可以增加畜产品这是最重要的，但我国目前只是除少量用于垫圈、喂养牲畜，部分用于堆沤肥外，许多地方的农作物秸秆在田间都白白烧掉，这样不仅浪费了大量的自然资源，而且烟雾弥漫，污染环境，还常常引起火灾。

充分利用秸秆资源代替部分饲料，可以节约粮食，增加畜产品产量，增加农民收入，减轻环境污染，增加能源。秸秆变成黄贮饲料后，可以促进农业生产良性循环，大幅度提高土壤有机质，减少化肥用量。

二、秸秆黄贮步骤

由于玉米种植在我国比较普遍，玉米秸秆的利用率比较低，因此这里重点介绍玉米秸秆黄贮的方法，以供参考。

1. 贮料的准备

玉米子实成熟后尽早收获，并立即将玉米秸秆进行黄贮。东北地区在 10 月 5 日前贮完，最迟也不要晚于 10 月 10 日。对收割下来的秸秆应边收边贮，尽量减少暴晒和避免堆积发热，以保证秸秆新鲜。尽量避免在雨天进行收割、运输贮料，以减少泥土的污染。

2. 设备的清理

黄贮前应对原有的贮窖、贮壕进行清理，将贮窖中杂物、污水和剩余的贮料彻底清除，晾干后再贮。

3. 原料的切碎

玉米秸秆在黄贮前必须切碎，而且要比青贮料短些，一般以 2～2.5 厘米为宜。

4. 贮料的装填

切碎机应设置在贮料和贮窖的近旁，尽量避免切碎原料受日光暴晒。贮窖内应有专人或设备（如拖拉机）将原料摊平。如贮窖较长，可酌情分段顺序填装，可同时用几台切碎机集中装填一个贮窖。当贮料装填距窖口 40～50 厘米时，紧贴窖的四壁围上一圈塑料薄膜，将高出窖上边的塑料薄膜堆放在窖的上面，待密封时使用。最后贮料的上层一定要高出窖的四周 50 厘米。装填的期限不能过长，最好在短时间内装填完并密封。

为了提高黄贮的质量，可向贮料中添加下列物质：如果贮料过于干燥，其含糖量较低，可向贮料中逐层添加 0.5%～1%玉米面，为乳酸菌发酵提供充足的糖源；或添加纯乳酸发酵剂，1 吨贮料中添加乳酸培养物 450 克或纯乳酸菌剂 0.5 克，可促进乳酸菌的大量繁殖；添加 0.5%的尿素，可提高黄贮玉米秸秆的蛋白质含量；添加甲醛有抑制贮料发霉和改善贮料口味等作用，每吨贮料中添加量为 3.6 千克。

发酵剂的作用

发酵剂就是利用相应的菌种把秸秆中的粗纤维在充分降解的基础上，再接入相应的菌种大量繁殖、生长形成菌体蛋白，把一部分不能被家畜利用的纤维素物质转化为营养价值较高的蛋白质，提高蛋白质、粗脂肪的含量，增加黄贮饲料的营养价值，进而达到增加养殖效益的目的。当然，如果秸秆中没有添加这种菌剂，按照青贮饲料的制作方法把秸秆储存起来，只要把水分含量掌握好，随着时间的延长，也能获得较好的黄贮饲料，因为天然环境中就含有乳酸菌等有益菌，它的作用也是能够促进秸秆发酵的，只是效果比较差一点。但是降低生产成本，提高秸秆利用率还是能够达到的。利用研制好的菌剂添加到黄贮饲料中，其发酵效果会更好一点，发酵速度会更快一点，利用率会更高一点。

5. 加水

用于黄贮的玉米秸秆较用于青贮的玉米秸秆收割晚，其水分含量较低。因此，在黄贮时必须将水分补加到乳酸菌发酵所需的标准，才能使原料中的乳酸菌迅速繁殖起来。

黄贮的成败关键在于加水，所以应安排有经验的人员专门加水。具体的加水方法是：如果原料含水量较高，在装填前段时间里可不加水，当装填到距窖口 50～80 厘米时开始加少量的水。如果原料不太干燥，其所需补加的水量较少，应在贮料装填到一半左右开始逐渐加水。如果原料十分干燥，在贮料装填到 50 厘米厚就应开始逐渐加水。加水要本着先少后多、边装填、边压实、边加水的原则，加水量要根据原料实际水分含量而定，以贮料的总水分含量达到 65%～75%为宜，过多过少都不好。

6. 贮料压实

贮料在贮窖或贮壕内都要装匀和压实，压得越实越好。特别要注意靠近窖壁和拐角的地方，不能留有空隙。小型贮窖或贮壕可用人力踩踏压实，大型的贮窖或贮壕宜用履带式拖拉机压实。注意不要让拖拉机将泥土、油污、金属等污染物带进贮料当中。在拖拉机压实过程中，仍需用人踩踏拖拉机所压不到的边角等处。贮料是否压实，主要取决于贮料的长短、含水量多少和压实的方法。

7. 密封和覆盖

原料装满压实后，必须马上进行密封和覆盖。密封和覆盖的方法：可先盖一层细软的青草，然后将围在窖四周余下的塑料薄膜铺盖在贮料上，上面再盖一层塑料薄膜，并用泥土压在贮窖的四周，上面再覆盖一层 30～50 厘米厚的泥土。顶部必须高出窖的边缘，并呈圆顶形，以防雨水流入窖内引起贮料腐烂。

三、黄贮秸秆注意事项

1. 选用无霉变农作物秸秆。

2. 根据饲养对象进行适当粉碎，喂猪、鹅、鸭的秸秆粉碎粒度越细越好，喂牛、羊的秸秆应切成长度 0.5～2 厘米。

3. 发酵时间长短根据环境温度而定，最低发酵温度为 10℃，温度升高发酵时间相应缩短。发酵好的秸秆饲料色泽金黄或浅黄，具有酒香或苹果香味，手感质地松软。

4. 注意用水量。

5. 要避免频繁将原料暴露在空气中，用后应立即重新封好，以防发生霉变。

6. 黄贮后发生霉变秸秆要丢弃，禁止饲喂，避免引起畜禽中毒。

四、黄贮饲料的质量鉴定

黄贮饲料封窖 2 周左右，就可完成发酵制作过程。通常采用看、嗅、摸等方法来鉴定黄贮饲料的好坏。

1. 看

优质黄贮饲料的颜色因原料不同而不同，玉米、稻草、麦秸黄贮后呈金黄色或浅褐色，牧草和青草黄贮后呈橄榄绿色。

2. 嗅

优质黄贮饲料带有醇香味和果香味，有的有弱酸味。若有强酸味，表明在黄贮过程中产生的醋酸较多，是水分含量高或温度过高所导致。如果带有腐臭的丁酸味或霉烂味，则不能饲喂牲畜。

3. 摸

用手摸感到松散，不粘手，质地柔软湿润，即为较好的黄贮饲料。如手摸发黏，说明质量不佳；或者虽然松散，但干燥粗硬，也不是好的饲料，这是发酵不良的症状。

五、黄贮秸秆饲料的饲喂方法

发酵好的秸秆饲料干物质消化率可提高 40%以上，粗蛋白质含量提高 8%～12%，有机酸和糖提高 30%～40%，粗脂肪提高 3%～7%，同时还产生大量维生素、氨基酸等生理活性物质，因此可替代部分精饲料直接用于饲喂牲畜。

黄贮饲料的饲喂方法也与青贮饲料大同小异，只是在维生素的含量上不如青贮饲料丰富，饲喂时要另外添加或根据需要适当处理。另外，由于饲料中的酸度比较大，饲喂一段时间后要注意适当补充小苏打以中和饲料中的酸度，防止家畜发生酸中毒或消化系统疾病的发生。

六、黄贮窖的建设

与青贮类似，调制黄贮饲料也需有一定的设施设备。生产实践中较多采用永久性黄贮窖的形式。永久性黄贮窖的建筑表面上看一次性投入比较大，但从长远考虑，一次建窖能连续用 20～30 年，平均养殖生产成本较低。黄贮窖的建窖方法和规格与青贮窖相似，可参照青贮窖的建窖方法和规格进行。

第六节　牧草的深加工

一、草粉调制与利用

1. 调制

对加工草粉原料的基本要求是：绿色，植株完整，含水 8%～10%，无毒、无霉变、无病虫害。杂草、木质化 10%以上，粗纤维高于 33%的粗硬牧草不适合加工草粉。

干草粉的加工工艺一般包括刈割、干燥、切短（粉碎）、包装、贮运等环节。

（1）刈割。在营养价值最高的时期刈割。豆科牧草在孕蕾初期，禾本科牧草在抽穗期刈割。

（2）干燥。其方法有三种，自然干燥、人工干燥和混合脱水干燥。混合脱水干燥是牧草刈割后晾晒一段时间，待水分降到一定水平，送到加工环节后继续干燥。在烘干机中迅速脱水，含水量达 15%以下粉碎。

（3）切短（粉碎）。生产中有的牧草只要进行简单的处理就可以进行粉碎，有的是在干燥后直接粉碎。一般是根据牧草加工的含水量要求而定。

（4）包装。草粉可以散堆，但最好装在麻袋或牛皮纸袋中，每袋重 15～20 千克。也可根据需要包装成其他不同规格的重量。

（5）贮运。草粉属于粉碎性饲料，颗粒小，与外界接触面大，贮运中，一方面营养物质易于氧化分解而造成损失，另一方面吸湿结块，微生物及害虫易侵入，导致发热变质，因此，宜采取适当的措施，安全储藏，减少这些营养损失。一般采用低温密闭或干燥低温储藏（含水量 13%～14%，温度 15℃以下）。

2. 饲喂

根据草粉品质不同，饲喂不同动物。饲喂牛、羊，占日粮比率的 40%～70%，喂猪，占日粮比率的 30%～50%，喂鸡，占日粮比率的 3%～5%。

二、草块调制与利用

1. 调制

草块可以根据实际需要，制成相应规格的草块产品，加工过程与方式可分为田间压块、固定压块和烘干压块三种：

（1）田间压块。由行走式干草压块机完成。压块机在田间直接捡拾、切短干草并压制成草块。草块体积通常为 30 毫米×30 毫米×（50～100）毫米，密度为 700～850 千克/立方米。田间压块要求干草含水量在10%～12%之间。

（2）固定压块。所用机械为固定式压块机，在加工厂内将干草切短后压制成草块。草块体积通常为32毫米×32毫米×（37～50）毫米，密度为600～1000千克/立方米。

（3）烘干压块。由移动式烘干压块机完成。通过运输车运来鲜草，将鲜草切成草段，长20～50毫米，置于烘干机中快速干燥，使牧草含水量由75%～80%迅速降至12%～15%，挤入压块机压制草块。由于烘干压块成本高，所以实践中应用较少。在草块压制过程中，可以根据需要加入尿素、矿物质和微量元素等适用的添加剂。

2. 利用

草块的饲喂可以参考草颗粒的饲喂方法和比例进行。

三、草颗粒调制与利用

1. 草颗粒的优点

牧草颗粒具有营养完全、适口性好、牲畜采食量大、采食速度快、饲料利用率高、易运输、来源广等优点。

（1）营养完全。牧草颗粒所含蛋白质、碳水化合物、矿物质、维生素等营养成分比较全面。

（2）适口性好。牧草颗粒改善了饲草品质。例如草木樨具有香豆素的特殊气味，家畜多少有点不喜食，但制成草颗粒后，则制成了适口性强、营养价值高的饲草，提高了利用率，增加了牲畜的采食量。

（3）牲畜采食量大、采食速度快。由于牧草变成了颗粒，体积变小，饲喂方便，可以简化饲喂手续，牲畜容易采食，因此采食的速度变快了，采食的数量也增加了。为实现集约化、机械化畜牧业生产创造了条件。

（4）饲料利用率高。冬季用草颗粒补喂家畜家禽，可用较少的饲草获得较多的肉、蛋、乳。并可以根据畜禽的不同品种和生长的不同阶段，配制不同的适销对路的牧草颗粒。

（5）易运输。由于牧草颗粒体积小，草颗粒饲料只有原料干草体积的1/4左右，是草捆体积的1/3，铁路运输和水路运输可比草捆降低运费2/3。尤其是我国西北、东北寒冷的广大农牧区，每年冬季都有不同程度的大风雪发生，被广大农牧民称为白灾，而牧草颗粒饲料本身的特点，对抗灾的饲料补给十分有利。

（6）来源广。一些枝条粗硬的牧草，经粉碎后加工成草颗粒，就制成了家畜所喜食的饲草。其他如农作物的副产品、秕壳、秸秆以及各种树叶等加工成草颗粒皆可用于饲喂家畜家禽。

2. 调制

加工草颗粒最关键的技术是调节原料的含水量。首先测出原料的含水量，然后拌水至加工要求的含水量。据测定，用豆科饲草做草颗粒，最佳含水量为14%～16%；禾本科饲草为13%～15%。

草颗粒的加工通常用颗粒饲料轧粒机。饲草在轧粒过程中受到搅拌和挤压的作用，在正常情况下，从筛孔刚出来的颗粒温度达80℃左右，从高温冷却至室温，含水量一般要降低3%～5%，故冷却后的草颗粒的含水量不超过11%～13%。由于含水量甚低，适于长期储存而不会发霉变质。

草颗粒加工可以按各种家畜家禽的营养要求和科学的饲料配方，配制成含不同营养成分的草颗粒，其颗粒大小可由轧粒机调节，按要求加工。

3. 饲喂

根据牧草颗粒大小不同，饲喂不同动物，牧草颗粒粒径1～2厘米的可以饲喂牛、羊，占日粮比率的40%～70%；粒径1～2毫米的颗粒可喂猪、鸡，喂猪的占日粮比率的30%～50%，喂鸡的占日粮比率的3%～5%。

牧草颗粒饲料的饲喂效果非常好，在实践中受到了广大农牧民的普遍欢迎，使用数量也迅猛增长，不但用于反刍动物，而且制成适当大小的牧草颗粒，像猪、犬、禽等其他动物也非常喜食，饲喂效果良好。

四、牧草叶蛋白调制与利用

1. 调制

（1）粉碎榨汁。用锤式打浆机或粉碎机将牧草粉碎打浆，然后用压榨机榨汁。

（2）凝集。通常用加热、加酸、加碱或发酵的方法进行凝集。

1）加热法。采用蒸汽加热，当牧草汁液快速升温至70～80℃时，几分钟内叶蛋白即可凝固。加热会引起蛋白质热变性，降低叶蛋白的吸水性、溶解性及乳化性。

2）加碱、加酸法。用氢氧化钠或氨水将牧草汁液的pH值调至8～8.6，然后立即加热凝固。或者用盐酸将牧草汁液的pH值调至4～6.4，再利用等电点原理分离出叶蛋白。

3）发酵法。将牧草汁液在缺氧条件下发酵48小时左右，利用乳酸杆菌产生的乳酸使叶蛋白凝固沉淀。经发酵凝固的叶蛋白不仅有质地较柔软，溶解性好的特点，而且具有破坏植物中的有害物质如皂角苷等的能力。但由于发酵时间较长，叶蛋白的酶解作用延长，因而会造成一定的营养损失。故要及时沉淀、过滤或离心等方法将叶蛋白分离出来。干燥可用多功能蒸发器、喷雾干燥机等进行。如是自然干燥，可在叶蛋白中加入浓度为7%～8%的食盐，以防其腐败变质。

（3）叶蛋白加工的副产品的利用。新鲜牧草榨汁后的剩余物占牧草干重的75%～85%，它的有机物和蛋白质的消化率低于同类牧草的干草，而粗纤维的消化率差异不大，可直接饲喂，也可青贮或制成颗粒饲料后饲喂反刍家畜。榨的牧草汁液提取叶蛋白后，剩余的废液一般占鲜重的40%～50%，可用做动物饲料或生产醇类产品等。

2. 饲喂

牧草不同，提取的浓缩叶蛋白含量也不同，饲喂家畜的效果也不同。实践证明，将蛋白质含量为7%～9%的浓缩叶蛋白配入猪饲料可使叶蛋白的酶解作用停止，混合于干燥料中，可节省25%～30%的大豆类的营养物质。在雏鸡日粮中添加蛋白质含量为2.5%～6%的苜蓿叶蛋白，对增加其体重有良好效果。

五、草产品加工必备机械

1. 割草机

割草机的要求。割草机根据动力可划分成畜力割草机和动力割草机。动力割草机又可分为牵引式、悬挂式和自走式三种。切割器是割草机械最重要的工作部件，根据切割器的形式分类，更能体现不同割草机的特点及其作用适应性。割草机机型繁多，结构不同，但总的要求是：

（1）割幅要合适，拖拉机行走轮或割草机地轮在作业过程中不压草。

（2）传动部件有足够的离地间隙或防护措施，以防堵塞或缠绕。

（3）对地形适应性好，割茬高度适宜，以便尽可能提高收获量。

（4）挂挡迅速，操作方便，安全装置齐全，技术经济指标良好。

2. 粉碎机

粉碎机（见图2—4）在农牧业生产上和铡草机具有同样的普遍性和重要性。粉碎机型号、功率的种类繁多。饲料粉碎主要有击碎、磨碎、压碎、锯切碎四种。击碎适用于硬而脆的谷物饲料；锯切碎适用于大块的脆性饲料；压碎和磨碎适用于韧性饲料。目前各地生产的粉碎机，往往是几种方法同时使用。

图2—4　粉碎机

3. 压粒机

干草经粉碎后，添加精料和其他营养成分，配成全价饲料，经压料机制成颗粒饲料。压粒机整套设备包括：压粒机、蒸汽锅炉、油脂和糖蜜添加装置、冷却装置、碎粒去除和筛粉装置等。压粒机有平模压粒机和环模压粒机（见图2—5）两种。

4. 压块设备

干草经过粉碎，添加精料及其他矿物元素，然后压制成草块，以提高饲料的营养价值、

图 2—5　环模（SWZH－360 型、SWZH－420 型）压粒机

采食量和消化率。草块密度增加，便于储存、运输和进入市场流通。

压块机压制出的草块要比制料机大，一般为 25 毫米×25 毫米×25 毫米或 30 毫米×30 毫米×30 毫米的方形草块，以及直径 8～30 毫米的圆柱形草块。草块密度一般为 0.6～1.0 克/立方厘米。

5. 田间烘干压块成套设备

田间烘干压块成套设备包括割草、捡拾装载、运输和烘干压块机等，以烘干草块机为主要机具。这种成套机械可烘干压制不经调制的青草为高能草块。田间烘干压块的主要优点是：能使草的养分损失减少到最低限度，获得高质量的草块。在田间自然干燥调制干草的过程中，养分损失一般为 35％～40％，而田间烘干压块不需要进行干草调制，因而避免了气候条件对收获作业的影响，而且对草的品种和含水量都没有什么特殊要求，所以适应各地区，特别适于饲草含水率高、多雨、空气湿度大的地区。

思　考　题

一、简述牧草青贮的原理、方法与步骤。

二、简述青干草调制的步骤和方法。

三、简述秸秆黄贮的步骤。

四、简述草颗粒的优点。

第三章　常见高产牧草的栽培与利用

学习目标：

◆了解常见高产牧草的形态特征和适应性。

◆掌握常见高产牧草的栽培技术要领。

◆掌握常见高产牧草的病虫害防治方法。

第一节　紫花苜蓿

一、概述

紫花苜蓿是目前世界上栽培面积最大的栽培牧草之一，在我国已有两千多年的栽培历史，主要产区在西北、华北、东北、江淮流域。由于其具有适应性强、产量高、品质好等优点，被誉为“牧草之王”（见图 3—1）。

图 3—1　成片的紫花苜蓿

种植紫花苜蓿的经济价值

我国奶牛单产水平为4.5吨，而美国奶牛单产平均为12吨，其中主要原因是我国奶牛粗饲料以玉米等秸秆为主，美国奶牛以紫花苜蓿为主。美国紫花苜蓿种植面积达35万公顷，由于紫花苜蓿蛋白质含量高，营养丰富，因此饲喂奶牛后产奶效果好。当然，用紫花苜蓿饲喂其他家畜效果同样非常好，家畜的生产性能会因为营养均衡而发挥良好，经济价值很高。

二、形态特征

紫花苜蓿是多年生豆科草本植物，根系发达，主根入土深达数米至数十米；根茎密生许多茎芽，显露于地面或埋入表土中，颈蘖枝条多达十余条至上百条。茎秆斜上或直立，光滑，略呈方形，高约100～150厘米，分枝很多。叶为羽状三出复叶，小叶长圆形或卵圆形，先端有锯齿，中叶略大（见图3—2）。

图3—2　紫花苜蓿的羽状复叶

三、适应性

紫花苜蓿抗逆性强，适应范围广。性喜干燥、温暖、多晴天、少雨天的气候和高燥、疏松、排水良好、富含钙质的土壤，对土壤的适应性广。因根系长而发达，可吸收土壤深层水分，故抗旱能力很强。高温高湿对生长不利。苜蓿的寿命一般是5～10年，最适气温25～30℃；年降雨为400～800毫米的地方生长良好，越过1 000毫米则生长不良。年降雨量在400毫米以内，需有灌溉条件才生长旺盛。夏季多雨湿热天气最为不利。紫花苜蓿蒸腾系数高，生长需水量大，每构成1克干物质约需水800克，但又最忌积水，若连续淹水1～2天即大量死亡。紫花苜蓿适应在中性至微碱性土壤上种植，不适应强酸、强碱性土壤，pH值6～7.5为宜，pH值为6.7～7.0最好。土壤含可溶性盐在0.3%以下就能生长，成株高达1～1.5米。在海拔2 700米以下，无霜期100天以上，全年平均气温大于10℃，积温1 700℃以上，年平均气温4℃以上的地区都是紫花苜蓿宜植区。

四、栽培技术

1. 整地

（1）一是考虑苜蓿主根发达，入土深，能吸收深层土壤水分，适宜种植在土层深厚而且肥沃的沙质土壤中。二是考虑苜蓿耐涝能力差，不宜种植在地势低洼易积水的地方。因此，播种苜蓿的地块要求选择地势高、土层深厚、排水条件好、盐渍化程度低、交通便利、管理利用方便的地段。

（2）紫花苜蓿种子细小，幼芽细弱，顶土力差，整地必须精细，要求地面平整，土块细碎，无杂草，墒情好。首先要耕翻灭茬，要于上年前作收获后，即进行浅耕灭茬，再深翻，冬春季节做好耙耢、镇压蓄水保墒工作。其次要耙细，再次要整畦。畦面宽应根据播种、收割机械的幅宽和灌水均匀而定，一般3米左右为宜，从而确保苜蓿的发芽率和出苗均匀度，为苜蓿增产打下基础。最后要深翻，使根部充分发育。另外，当表层土壤解冻后，要及时进行划锄松土，利用钉齿耙纵横交叉耙，破除板结，提高土壤的通透性。

（3）前茬作物杂草严重或新开垦土地，应施用除草剂对土壤进行处理，防止出现草荒现象，便于苜蓿田间管理，既省工省力，又增产增效。草甘膦、克无踪、踪普施特、灭草猛、氟乐灵、地乐胺等除草剂具有杀草谱广、成本低等特点，都比较适合播种前对土壤进行处理。需要注意的是，使用氟乐灵后需间隔7天以上方可播种，否则苜蓿会受药害。

2. 播种

（1）种子的处理。苜蓿种子发芽力可维持10年以上，其硬实率5%～15%，新收种子硬实率可达25%～65%，随着储存年限的增加，其硬实率逐渐降低。硬实种子水分不易浸透，发芽率低。当年收获的种子当年秋播时，必须把种子暴晒3～5天，或按1份种子加1.2～1.5倍沙子混合，放在碾子上碾20～30转，从而提高发芽率15%～20%。也可将种子用50～60℃温水浸泡0.5～1小时后晾干播种，以提高发芽率和幼苗整齐度。

（2）接种根瘤菌。苜蓿为豆科作物，根瘤菌有固氮能力，在从未种过苜蓿的土地播种时，要接种苜蓿根瘤菌，每千克种子用5克菌剂，制成菌液洒在种子上，充分搅拌，随拌随播。无菌剂时，用老苜蓿地土壤与种子混合，比例最少为1∶1。播种后第一年苜蓿根瘤菌数量仍较少，固氮能力低，直接影响当年产量。因此，在播种前应进行根瘤菌接种，特别是未种过苜蓿的田地更需要接种，接种后的苜蓿产量可提高 20%～30%。一般采取种子包衣的方法，用黏着剂将根瘤菌剂、微肥等包到种子上。也可用根瘤菌直接拌种，每千克菌剂可接种苜蓿种子 200 千克左右。苜蓿根瘤菌可在市场上购买，也可从老苜蓿地刨出苜蓿根，阴干后把根瘤搂下来，压成末，然后拌到苜蓿种子里。

（3）控制播种量。苜蓿种子千粒重 2.0 克左右，每千克种子大约 50 万粒。国外进口的种子大多数经过加工处理，纯净度高，大小均匀，发芽率高，每亩播种量可掌握在 1.0～1.5 千克。国产种子多未经过加工，纯净度和均匀度较差，发芽率相对较低。可适当增加亩播量，一般掌握在每亩 1.7～1.9 千克。土壤墒情和土质较好的地块，每亩播量可适当降低。干旱地、山坡地或高寒地区，播种量提高 20%～50%。

（4）播种期。春播：春季土地解冻后，与春播作物同时播种，春播苜蓿当年发育好产量高，种子田宜春播。夏播：干旱地区春季干旱，土壤墒情差时，可在夏季雨后抢墒播种。秋播：在我国北方地区，秋播不能迟于 8 月中旬，否则会降低幼苗越冬率。

（5）严格播种深度。视土壤墒情和质地而定，土干宜深，土湿则浅；轻壤土宜深，重黏土则浅，苜蓿播种深度一般掌握在 2～3 厘米。若土壤疏松，机播前先镇压一遍，然后播种，便于掌握播深。播种后再镇压一遍，有利于保墒。特别应注意的是，由于苜蓿种子细小，顶土能力差，播深不易出苗。若土壤墒情差，必须造墒播种或整好地待雨后抢播。

（6）合理选择播种方式。紫花苜蓿常用的播种方法有条播、撒播和穴播三种，播种方式有单播、混播和保护播种（覆盖播种）三种。可根据具体情况选用。

种子田要单播、穴播或宽行条播，行距 50 厘米，穴距 50 厘米×70 厘米或 50 厘米×50 厘米或 50 厘米×60 厘米，每穴留苗 1～2 株。收草地可条播也可撒播，可单播也可混播或保护播种。条播行距 30 厘米；撒播时要先浅耕后撒种，再耙耱；混播的可撒播也可条播，可同行条播，也可间行条播；保护播种的，要先条播或撒播保护作物，后撒播苜蓿种子，再耙耱。

灌区和水肥条件好的地区可采用保护播种，保护作物有麦类、油菜或割制青干草的燕麦、草高粱、草谷子等，但要尽可能早收获保护作物。在干旱地区进行保护播种时，不仅当年苜蓿产量不高，甚至影响到第二年的收获量，最好实行春季单播。混播，紫花苜蓿生长快，分蘖多，枝叶盛，产量高，再生性强，刈割次数多，混播中其他牧草难于相配合，故以单播为宜。但若要提高牧草营养价值、适口性和越冬率，也可采用混播。适宜混播的牧草有：鸡脚草、猫尾草、多年生黑麦草、鹅冠草、无芒雀麦等。混播比例，苜蓿占 40%～50%为宜。

3. 田间管理

（1）灌溉及排水。苜蓿是深根植物，根系很发达，能吸收深层土壤水分，所以苜蓿比较耐旱。同时，苜蓿又是一种需水较多的植物，一般每生产 1 千克干物质，需水 800 千克，对水分的需要高于禾本科牧草。灌溉可以大幅度提高再生草的产量，各地要根据苜蓿地块的土壤条件和墒情适时浇水，同时结合浇水，每亩追施 10～15 千克的复合肥或苜蓿专用肥，以利于苜蓿再生，提高苜蓿产量。另外，在夏季雨多积水时应及时排除田间积水，防止苜蓿遇涝而造成烂根或死亡。

(2) 中耕除草。苜蓿播种当年苗期长势较弱，中耕作业要以除草为主，应做到二铲二耥或二铲一耥。苜蓿生长过程中常见的一年生杂草主要有稗草、马唐、狗尾草、苍耳、藜、苋等。常见的二年生及多年生杂草主要有荠菜、白茅、芦苇等。夏季光、热、水等条件有利于杂草的生长，特别是苜蓿收割后，杂草的生长尤为迅速，是影响苜蓿产量的一个重要因素。所以在第一茬苜蓿收割后，应立即进行中耕除草。大面积种植苜蓿时，可用除草剂消灭杂草。目前茎叶处理的除草剂有八种对苜蓿安全有效，即踪普施特、豆施乐、苯达松、阔叶柘、拿捕净、稳杀得、盖草能（稳杀得和盖草能的合剂为精克草能）、禾草克。其中普施特杀草谱广，对阔叶和禾本科杂草均有效；2，4-DB、苯达松、阔叶柘只对阔叶杂草有效；拿捕净、禾草克、精克草能只对禾本科杂草有效。春季返青后及每次刈割后进行一次中耕，以破除土壤板结。中耕一般与追肥作业结合进行。

(3) 播种当年，在生长季结束前，刈割利用一次，植株高度达不到利用程度时，要留苗过冬，冬季严禁放牧。

(4) 二龄以上的苜蓿地，每年春季萌生前，清理田间留茬，并进行耕地保墒，秋季最后一次刈割和收种后，要松土追肥。每次刈割后也要耙地追肥，灌区结合灌水追肥，入冬时要灌足冬水。

(5) 紫花苜蓿刈割留茬高度为 3～5 厘米，但干旱和寒冷地区秋季最后一次刈割留茬高度应为 7～8 厘米，以保持根部养分和利于冬季积雪，对越冬和春季萌生有良好的作用。

(6) 秋季最后一次刈割应在生长季结束前 20～30 天结束，过迟不利于植株根部和根茎部营养物质积累。种子田在开花期要借助人工授粉或利用蜜蜂授粉，以提高结实率。

(7) 常见病虫害防治。苜蓿受到病虫害危害后，往往引起茎叶枯黄，或出现病斑，叶片残缺甚至落叶，生长不良，使苜蓿产草量下降，品质变劣，利用年限缩短，因而在生产中造成很大损失。所以，病虫害防治是苜蓿田间管理上的一项重要措施。

危害苜蓿的害虫主要有蚜虫、黏虫、潜叶蝇、甜菜夜蛾、蓟马、盲椿象等。防治蚜虫、潜叶蝇、盲椿象、蓟马分别用 40%的乐果乳剂加水 1 000～1 500 倍、3 000～5 000 倍、1 500～4 000 倍和 500～1 000 倍喷洒防治。或用吡虫啉 10～20 克/亩。防止黏虫可用菊酯类 3 000～5 000 倍液喷洒防治。防治甜菜夜蛾可用 5%夜蛾必杀、夜蛾光或夜蛾净 1 000 倍液喷洒，也混用绿色功夫与千胜（BT）防治。

紫花苜蓿病害较多，夏季常见病害有霜霉病、锈病、褐斑病、菌核病等，防治霜霉病要用波尔多液在发病初期喷洒 1～2 次；防治褐斑病可用波尔多液或石灰硫黄合剂；防治菌核病可喷施甲基托布津或多菌灵等内吸杀菌剂 2～3 次，间隔约 15 天。一经发现病虫害露头，即行刈割喂畜为宜。病虫害若大量发生，要及时报告植物保护部门进行综合防治，并要早治，防止扩大蔓延。

许多害虫、病菌在紫花苜蓿的地表残茬上越冬，冬季进行灭茬处理，会消灭大量的病虫害原体，减少次年初侵染源。常用的方法有：

1）放牧。进行有针对性的放牧，牲畜会将大量苜蓿残茬及杂草吃掉，也就会将害虫和病菌吃掉、消灭、外携。

2）机械灭茬。机械耙将残茬破碎、掩埋，改变残茬对病虫害形成的原有生存条件，达到消灭的目的。运用此种方法处理，残茬依然留在田间，消灭作用有限，所以要结合其他防治措施达到更好的消灭效果。

3）焚烧。是彻底有效的方式，对残茬上的病虫害原体杀灭率几乎是百分之百，很经济。但是要注意防火，许多情况下不适用。

4）灌溉。灌溉能恶化病虫害的生存条件，抑制和杀死病虫害原体，尤其是冬季灌溉，效果更为明显，冬季灌溉还有利于苜蓿越冬和翌年返青。

5）农药防治。秋季收割后至次年返青期间使用农药，既能有效地杀灭各种病虫害，又能最大限度地减少次年紫花苜蓿产品中的农药残留量，是较好的农药使用期。

五、饲用价值与利用

1. 营养价值

紫花苜蓿茎叶中含有丰富的蛋白质、矿物质、多种维生素及胡萝卜素，特别是叶片中含量更高。紫花苜蓿鲜嫩状态时，叶片重量占全株的50%左右，叶片中粗蛋白质含量比茎秆高1～1.5倍，粗纤维含量比茎秆少一半以上。在同等面积的土地上，紫花苜蓿的可消化总养料是禾本科牧草的2倍，可消化蛋白质是2.5倍，矿物质是6倍。粗蛋白质、维生素含量很丰富，动物必需的氨基酸含量高，苜蓿干物质中含粗蛋白质15%～26.2%，相当于豆饼的一半，比玉米高1～2倍；赖氨酸含量1.05%～1.38%，比玉米高4～5倍，营养价值很高。

2. 苜蓿的良性促高产作用

农谚说："一亩苜蓿三亩田，连种三年劲不散。"紫花苜蓿能从土壤深层吸取钙素，分解磷酸盐，遗留在耕作层中，经腐解形成有机胶体，可使土壤形成稳定的团粒，改善土壤理化性状，并有发达的根系能为土壤提供大量的有机物质；根瘤能固定大气中的氮素，提高土壤肥力。2～4龄的苜蓿草地，每亩根量鲜重可达1 335～2 670千克，每亩根茬中约含氮15千克，全磷2.3千克，全钾6千克。每亩苜蓿每年可从空气中固定氮素18千克，相当于55千克硝酸铵。苜蓿茬地可使后作三年不施肥而稳产高产。增产幅度通常为30%～50%，高者可达1倍以上。

紫花苜蓿枝叶繁茂，对地面覆盖度大，二龄苜蓿返青后生长40天，覆盖度可达95%。紫花苜蓿又是多年生深根型作物，在改良土壤理化性质，增加透水性，拦阻径流，防止冲刷，保持坡面，减少水土流失方面作用十分显著。据测定，在坡地上，种植普通农作物与紫花苜蓿相比，每年每亩流失水量大 16 倍，土量流失大 9 倍。

紫花苜蓿属于强光作用植物，刚开展的叶片同化二氧化碳的最大量每小时每平方米为 70 毫克。紫花苜蓿是严格的异花授粉植物，常靠外部机械力量和昆虫采蜜弹开紧包的龙骨瓣而授粉，花期长达 40～60 天，花期进行田间放蜂，可使蜂蜜产量大幅度提高，同时也提高苜蓿种子产量。

3. 刈割和产量

紫花苜蓿寿命可达 30 年之久，田间栽培利用年限多达 7～10 年。但其产量，在进入高产期后，随年限的增加而下降。紫花苜蓿再生性很强，刈割后能很快恢复生机，一般一年可刈割 2～4 次，多者可刈割 5～6 次。

紫花苜蓿的产草量因生长年限和自然条件不同而变化范围很大，播后 2～5 年的每亩鲜草产量一般在 2 000～4 000 千克，干草产量 500～800 千克。在水热条件较好的地区每亩可产干草 733～800 千克；干旱低温的地区，每亩产干草 400～730 千克；荒漠绿洲的灌区，每亩产干草 800～1 000 千克。

苜蓿的产量根据不同品种、不同地区、管理水平和刈割次数不同，产量差异很大。一般年刈割三茬（辽宁 2～4 茬），亩产鲜草 2 000～6 000 千克，4～5 千克鲜草晒 1 千克干草。

4. 利用

（1）紫花苜蓿茎叶柔嫩鲜美，以富含蛋白质（20.4%）、维生素和无机盐，特别是丰富的畜禽必需氨基酸，适口性好，转化率高而著称，是各类畜禽和鱼类最理想的优质饲草。

（2）青刈以株高 30～40 厘米时开始为宜，早春掐芽和细嫩期刈割减产明显。调制干草的适宜刈割期，是初花期左右，二者利用期均不得延至盛花期后。收种适宜期是植株上 1/2～2/3 的荚果由绿色变成黄褐色时。收草田不能连续收取种子。种子田也应每隔 1～2 年收草一次。

（3）紫花苜蓿用于放牧时，以猪、鸡、马属家畜最适宜。放牧反刍畜易得臌胀病，结荚以后就较少发生。用于放牧的草地要划区轮牧，以保持苜蓿的旺盛生机，一般放牧利用 4～5 天，间隔 35～40 天的恢复生长时间。如放牧反刍畜时，混播草地禾本科牧草要占 50%以上的比例；应避免家畜在饥饿状态时采食苜蓿，放牧前先喂燕麦、苏丹草等禾本科干草，还能防止家畜腹泻。为了防止膨胀，可在放牧前口服普鲁卡因青霉素钾盐，成畜每次服用 50～75 毫克。也可与无芒雀麦、苇状羊茅等混播，既可提高饲用价值，又可防止因单纯采食苜蓿过多而致膨胀病。

（4）紫花苜蓿用于调制干草时，要选择晴朗天气一次割晒，防止雨淋，以免丢失养分降低质量，平晒结合扎捆散立风干再堆垛存放。有条件的待晒至半干时移至避光通风处阴干。干草必须保持绿色状态。存放过程中应勤检查，以防霉变造成损失。

用裹夹碾压法（也叫染青法）调制，效果很好。即在麦收季节或苜蓿青晒干期，将刈割的鲜嫩苜蓿青草，均匀铺摊在上下两层干麦草或其他用于饲料的柔软干燥禾谷类秸秆夹层内，用石磙反复碾压至茎秆破裂，可使鲜嫩苜蓿迅速干燥，避免养分丢失。苜蓿压出汁液吸入秸秆，混合储存，混合铡碎或粉碎饲喂，不但提高了秸秆的适口性，也提高了营养价值。

第二节　墨西哥玉米草优 12

一、概述

墨西哥玉米草优 12 是我国从墨西哥引进的一年生高营养、优质禾本科牧草，是遗传稳定的饲草新品种。2001 年由河南省民权县特种动植物良种试验场率先引种成功，在我国的河南、河北、山西、广东等地多点试种表明，其最高亩产可达 35 000 千克，较普通的墨西哥玉米草产量提高 40%～70%，其产量在所有牧草当中遥遥领先，且适口性极好，适合饲喂牛、羊、猪、鹅等多种家禽家畜。如图 3—3 所示。

图 3—3　规模化种植的墨西哥玉米草优 12

二、形态特征

墨西哥玉米草优 12 为一年生禾本科植物。株高 3～4 米，形似玉米，由于分蘖发达，故株丛较玉米庞大。每丛有分枝 30～60 多个，有的多达 90 多个（见图 3—4）。须根系，主、侧根均较粗壮，入土较深，在近地面的茎节上能长出不定根，有固定植株和吸收养分的作用。茎直立、圆形或椭圆形，直径 1.5～2.0 厘米，植株中部以下节间较短。叶片剑状，叶缘微细齿状，叶面光滑。茎秆粗壮，枝叶繁茂，质地松脆，具有甜味，花单性，雌雄花同株，雄花顶生，呈圆锥花序，雌花为穗状花序，雌穗多而小，从距地面 5～8 节以上的叶腋中生出，每节有雌穗 1 个，每株有 7 个左右，小花受粉后发育成颖果，往往 4～8 个颖果呈串珠状排列。种子椭圆形，颖壳坚硬，褐色或灰褐色，千粒重 75～80 克。

图 3—4　分枝多的墨西哥玉米草优 12

三、适应性

墨西哥玉米草优 12 喜温、喜湿、耐酸、耐水肥、耐热（能耐受 40℃的持续高温），不耐低温霜冻，气温降至 10℃以下生长停滞，0～1℃时死亡。年降雨量 800 毫米以上，无霜期 80～210 天以上的地区均可种植。种子发芽的最低温度为 15℃，最适温度为 24～26℃。生长最适温度为 25～35℃，对土壤要求不严，适应 pH 值 5.5～8 的黄酸或黄碱性土壤。不耐涝，浸淹数日即可引起死亡。适于我国广东、广西、福建、浙江、江西、湖南、四川等省（区）的大部分农区种植。

四、栽培技术

1. 整地

应选排灌方便、土壤肥沃的地块，播种地需要平整和地力较好的耕作地，播前应平整土地，做成 1.5 米宽的畦。

2. 播种

播种时可用农家肥混拌适量磷肥作基肥，播种前施足底肥，对其生长有利。每亩施农家肥 2 000～5 000 千克或施复合肥 20～30 千克。

墨西哥玉米草优 12 适应性极强，耐热抗旱、耐盐碱贫瘠，全生育期 200～260 天，温度稳定在 15℃左右即可播种，各地可根据其生育期及当地气候情况选择适当的播种时间。南方地区可四季播种，每亩用种子 0.75～1.0 千克，播种前用 35℃温水浸泡 24 小时。开沟点播，每穴 2～5 粒，株行距 40 厘米×30 厘米，苗实株群 5 000 株左右。播种时只需略覆细土。播后应保持畦面湿润，5 天可出苗。

3. 田间管理

播后要浇足水，成活 5～10 天，追施催苗肥。幼苗有近一个月的“蹲苗期”，在此期间，未施磷肥的地块，叶梢甚至全叶会逐渐发红，影响根系发育，应补施磷肥。苗期在 5 叶前长势缓慢，5 叶后生长转快开始分蘖。分蘖至拔节期生长加快，应定苗补缺，并亩施氮肥 5 千克，中耕促苗，当苗高 30 厘米时，亩施氮肥 6 千克，中耕培土，促进分蘖快长，并应除草一次，注意旱灌涝排，保持土壤湿润，以后每次刈割后，可在当天或第二天结合灌水及除草松土，每亩施尿素 5 千克或人粪尿按 1∶3 比例兑水稀释后泼施。

墨西哥草优 12 的田间管理还要做好病虫害防治工作，主要注意事项如下：

(1) 对病害应采取“防重于治”方针。主要是锈病的防治，此病在高温、高湿时极易发生。发病时在茎秆、叶片及叶鞘位置形成橙红色的孢子堆，孢子成熟后，散发出来，使整个植物成锈黄色，严重影响草质量。

(2) 增施磷、钾肥，适量施用氮肥；合理灌水，降低田间湿度，发病后适时剪草，均可减少锈病的发生及侵害强度。喷施 25%三唑酮可湿性粉剂 1 000～2 500 倍液可有效防治锈病。

(3) 虫害防治应有针对性，一旦发生应及时施药，以免扩大。如遇蚜虫或红蜘蛛侵袭，可用 40%乐果乳剂 1 000 倍液喷施杀灭。小面积可采用人工除草，大面积则可考虑化学除草。

五、饲用价值与利用技术

1. 营养价值

墨西哥玉米草优 12 茎叶味甜，脆嫩多汁，适口性极好，鲜草含粗蛋白质 19.3%，另含有多种畜禽所需的微量元素，是牛、羊、鹅、兔、鱼、猪的极好饲料，同时也是草食鱼类的首选牧草。据测定，其风干物中含干物质 86%，热能 14.46 兆焦/千克，粗蛋白质 13.8%，粗脂肪 2%，粗纤维 30%，无氮浸出物 72%，其营养价值高于普通食用玉米。

2. 刈割和产量

播后 45 天株高 50 厘米以上时开始收割，刈割留茬高度为 5～10 厘米，如不留茬则不能再生。刀口要割成斜面，以免雨水停留在割口上霉变。以后每次刈割，留茬高度相应增加 2 厘米，不能割掉生长点（即分蘖处），否则会影响再生，降低产量。此后每隔 20 天可再割，全生育期可割 8～10 次。刈后追施氮肥每亩 15～20 千克，不能将肥料淋在刈口上。雨天不要刈割，以防霉变。

每次刈割后如适时浇水可使产量大幅提高。河南省民权县特种动植物良种试验场在生产中发现，墨西哥玉米草优 12 刈割后如适时浇水，24 小时最快生长可达 12 厘米，其速生性令人称奇。如管理得当，每亩可年产青饲草 30 000 千克以上，最高可达 35 000 千克。

3. 利用

该饲草茎叶柔嫩，清香可口，营养全面，畜禽及鱼类喜食，且消化率高，每亩鲜草可饲喂羊 40～60 只、鹅 500 只，经济效益极为可观，是我国第一个亩产突破 30 000 千克、综合效益超过 2 万元的牧草品种。牛、羊等可直接饲喂，鸡、鱼、鹅等要切碎后再喂；作青贮品质也极佳；螃蟹也十分喜食，方法是草高 50 厘米时刈割，扎成小捆，用绳系住，丢入蟹池中，2～3 小时后牵拉绳索，收回残茎，晒干后还可喂牛羊；茎叶 22 千克即可养成 1 千克鲜鱼；喂奶牛，日均产奶量比喂普通青饲玉米提高 4.5%。

第三节　串叶松香草

一、概述

串叶松香草为菊科多年生宿根草本植物。因其茎上对生叶片的基部相连呈杯状，茎从两叶中间贯穿而出得名，别名松香草，又名法国香槟草、菊花草，为北美洲独有的一属植物。1979 年从朝鲜引入我国。近年来在我国各省、自治区栽培，分布比较集中的有广西壮族自治区、新疆维吾尔自治区，以及江西、陕西、山西、吉林、黑龙江、甘肃等省。

二、形态特征

串叶松香草系多年生草本植物，根系粗壮、肥大，有分节的根茎和营养根，茎直立有四棱，株高 1.5～2 米，最高可达 3.5 米，叶片大，对生，长椭圆形，没有柄，叶缘有疏锯齿，叶片上有刚毛叶面有网状密纹。头状花序，边缘由舌形花数十朵组成，花蛇状，雄花褐色，雌花黄色，种子扁心脏形，褐色，边缘具薄翅。千粒重为 20～30 克。如图 3—5 所示。

三、适应性

串叶松香草喜爱温暖湿润的气候，是越年生冬性植物，无论春播或秋播，当年只形成莲座状叶簇，经过冬季才抽茎、开花、结实。耐寒性极强，在－29℃时，地下的部分也不冻死。耐热性强，在福建也能安全越夏，气温达到 47.5℃，仍然能够生长很好，生长最适宜温度为 20～28℃，适宜在年降水量 450～1 000 毫米的地区种植，喜爱中性或稍微酸性肥沃的土壤，抗盐碱和耐贫瘠的能力差，盐土会妨碍根的发育，不适合种植。在酸性红壤、沙土、黏土上也生长良好。再生性强，耐刈割。

图 3—5　串叶松香草

四、栽培技术

1. 整地

串叶松香草的子叶肥大，出土困难，所以土地一定要疏松，播前每亩应施 2 500～3 000 千克腐熟厩肥用做底肥。苗床要选择通风向阳的肥沃壤土，苗床畦宽 1.3 米，沟宽 0.3 米。苗床上泥土要打碎并平整。

2. 播种

播前种子要日晒 2～3 小时，之后在 25～30℃温水中浸泡 12 小时，捞出晾干后，用潮湿细沙均匀拌和，再置于 20～25℃室内催芽 3～4 天，待种子多数露白后播种。串叶松香草可以春播、夏播或秋播，但播种当年都不抽茎，只产生大量的莲座叶，第二年 5 月下旬开始现蕾，6 月下旬到 8 月中下旬，进入盛花期，9—10 月种子逐渐成熟。一般育苗移栽，也可以条播或点播，育苗移栽要等到幼苗长到 4～5 厘米出真叶时。按 50～60 厘米的株行距进行移栽，栽后浇水，成活率极高。0.5 千克种子可移栽 5～6 亩地，留种田一般畦宽 1.3 米，沟宽 0.3 米，行距 0.5 米，每亩 600～1 000 株。青饲一般株距 0.3 米，每亩 2 000～2 500 株。也可以按株行距 50 厘米×60 厘米点播或条播，每亩播量 0.2～0.3 千克，播深约 2 厘米。

3. 田间管理

育苗阶段，要及时除草，适时施肥。移栽后，因初期生长较缓慢，也要注意中耕除草。由于留种田的松香草植株高，容易被风刮倒，故待苗生长旺盛后，应注意培土起垄，垄高一般10～20厘米，既利防风，又利排水。在沿海易受台风袭击地区可考虑用小竹子插扦，以保持植物不折断。如在生长期内天晴干旱，要经常灌水保湿。

为了提高肥力，可在松香草田里套种紫云英、箭舌豌豆等豆科绿肥，春末夏初压青。

串叶松香草耐肥性强，移栽前每亩施厩肥2 500千克、磷肥50千克、标准氮肥15千克为基肥。每青刈一次，追施标准氮肥10千克/亩。一年后要续施栏肥、磷肥和氮肥，以不断补充和保持土壤中的肥力。

串叶松香草抗病能力强，一般病虫害较少。花蕾期有玉米螟侵害，可用敌百虫1 000倍液驱杀。苗期出现白粉病，应及时喷洒波美0.5度左右的石灰硫黄合剂防治。7—8月高温潮湿天气，易发根腐病。主要防治措施：一是增施有机质肥料，并结合深耕以改善土壤通气性，减轻发病。二是对于病株要拔除、烧毁，并在病株处撒上石灰。

五、饲用价值及利用技术

1. 营养价值

据分析测定，串叶松香草鲜草含水量为85.85%，各营养成分占干物质的百分比分别是：粗蛋白质26.78%，粗脂肪3.51%，粗纤维26.27%，粗灰分12.87%，无氮浸出物30.57%。每千克鲜草可提供热能418卡、蛋白质33.2克。

2. 刈割和产量

刈青田，头年育苗，第二年移栽的，一般从6月上旬刈第一次，后隔20～30天刈一次，全年可刈6～8次，亩产鲜草10 000千克左右；第三年可青刈8～10次，亩产鲜草15 000千克以上。松香草种子成熟不集中，采种要随熟随收，一般每隔3～5天采一次，采后要及时晒干去杂，包装储藏。

3. 利用

鲜草可直接喂牛、羊、兔等畜禽，经青贮可饲养猪、禽；干草粉可制作配合饲料。各地的饲养试验表明：串叶松香草因有特异的松香味，各种家畜、家禽、鱼类，需经过较短的适应期，饲喂习惯后，适口性良好，饲喂的增重效果理想。因此各地都竞相开展试验，引种栽培和饲喂畜、禽、兔。

串叶松香草的毒性应引起重视。串叶松香草的根、茎中的甙类物质含量较多，甙类大多具有苦味；根和花中生物碱含量较多，生物碱对神经系统有明显的生理作用，大剂量能引起抑制作用。叶中含有鞣质，花中含有黄酮类。串叶松香草喂量过多，会引起猪积累性毒物中毒。

第四节　多年生黑麦草

一、概述

黑麦草为多年生禾本科牧草。原产于西南欧、北非和西南亚的温带地区。目前世界各国均有栽培。在我国主要分布于华东、华中和西南等地，以长江流域的高山地区生长最好，是一种良好的牧草，具有广泛的饲用价值。

二、形态特征

多年生黑麦草是黑麦属疏丛型草本植物。株高 80～100 厘米。须根发达，主要分布于 15 厘米深的土层中。茎直立，光滑中空，色浅绿。单株分蘖一般 60～100 个，多者可达 250～300 个。叶片深绿有光泽，长 15～35 厘米，宽 0.3～0.6 厘米，多下披。叶鞘长于或等于节间，紧包茎。叶舌膜质，长约 1 毫米。如图 3—6 所示。

图 3—6　多年生黑麦草

花序穗状，长 20～30 厘米，每穗有小穗 15～25 个，小穗无柄，紧密互生于穗轴两侧，长 10～14 毫米；有花 5～11 枚，结实 3～5 粒。第一颖常常退化，第二颖质地坚硬，有脉纹 3～5 条，长 6～12 毫米。外稃长 4～7 毫米，质薄，端钝，无芒；内稃和外稃等长，顶端尖锐，透明，边有细毛。颖果梭形。种子千粒重 1.5 克。

三、适应性

多年生黑麦草喜温暖湿润气候。不耐高温，不耐严寒。遇 35℃以上的高温生长受阻，甚至枯死；遇－15℃以下低温越冬不稳，或不能越冬。要求夏季凉爽、冬无严寒。在年降水量 500～1 500 毫米的地方都可种植，最宜 900～1 000 毫米的降水条件。其生长发育的最适温度为 20～25℃，在 10℃时亦能较好生长。

多年生黑麦草性喜肥，适宜在肥沃、湿润、排水良好的壤土或黏土上种植，亦可在微酸性土壤上生长，适宜的 pH 值为 6～7。不宜在沙土或湿地上种植。多年生黑麦草是短寿上繁牧草，一般可利用 3～4 年，但条件适宜时，也可多年不衰。生长发育迅速，生育期 100～110 天，全年生长天数 250 天左右。

四、栽培技术

1. 整地

多年生黑麦草种子小，幼苗纤细，顶土力弱，种植前要深翻松耙，粉碎土块，整平地面，蓄水保墒，使土壤上虚下实，为种子出苗创造良好的土壤条件。

2. 播种

种子田播种国家规定标准Ⅰ级种子，收草田播种国家规定标准Ⅰ～Ⅲ级种子均可。无论是自产或是购入的种子都需在播前检测品质，确定级别，算出实际播种量。春、夏、秋季均可播种，可根据当地具体条件来确定，一般种子田可在秋季播种，便于翌年收种后翻种其他作物。种子田用单播，收草可单播，可混播。条播行距，种子田宜宽 35～40 厘米，收草田宜窄 20～30 厘米。播撒时落粒要均匀，覆土要深浅一致，以免影响出苗。种子田亩播 0.75～1.0 千克，收草田亩播 1.0～1.25 千克。与白三叶、红三叶、百脉根混播时，其混播比例视草地利用目的而异，放牧为主的草地多年生黑麦草占 50%～60%，割草为主的草地多年生黑麦草占 60%～70%为宜，播种深度 2～3 厘米。

3. 田间管理

（1）播种后出苗前遇雨，土壤表层易形成板结层，要注意及时破除板结层，以利出苗，保全苗。

（2）幼苗期要及时除草，并注意防治虫害。

（3）由于根系发达，分蘖多，再生快，每次刈割后要及时追施氮肥，每亩 5～10 千克。若为酸性土壤，可增施磷肥每亩 10～15 千克。

多年生黑麦草不怕肥料多，肥料越多，生产越繁茂，越能多次反复收割。要求每亩黑麦草田施 25～30 千克过磷酸钙做基肥。留种田一般不施氮肥，若苗生长特别差，应适当补施一点氮肥。结合翻耕，视土壤肥力情况施足底肥。

（4）当混播草地出现多年生黑麦草生长过快，抑制豆科牧草生长时，可通过刈割或放牧加以抑制，以保护豆科牧草的正常生长。由于多年生黑麦草抽穗不整齐，种子成熟先后不一致，加以自行脱粒性高，应在全田70%的种穗变黄白时及时收割、运晒、脱粒、储藏。为延长草地的利用年限，在管理上要特别重视适时适量灌水施肥。

（5）常见病虫害防治

1）常见病害。禾草雀麦花叶病毒病、禾草紫菀黄化类菌原菌病。

2）常见虫害。亚洲飞蝗、宽须蚁蝗、小翅雏蝗、狭翅雏蝗、西伯利亚蝗、草原毛虫类、秆蝇类、黏虫、意大利蝗、蛴螬、蝼蛄类、金针虫类、小地老虎、黄地老虎、大地老虎、白边地老虎、大垫尖翅蝗、小麦皮蓟马、麦穗夜蛾、叶蝉类、青稞穗蝇。

黏虫类防治方法如下：①用糖醋酒液诱杀成虫。配置方法是取糖3份、酒1份、醋4份、水2份，调匀后加1份2.5%敌百虫粉剂。诱剂放入盆中，每公顷面积放2～3盆。②用药剂防治。用2.5%敌百虫或5%马拉硫磷喷粉，每公顷喷粉22.5～30.0千克；或用50%辛硫磷乳油5 000～7 000倍液，90%敌百虫1 000～1 500倍液喷雾。

蚜虫类防治方法如下：冬灌能杀死大量蚜虫。增施基肥，清除杂草，均能减轻危害损失。药剂防治可用1.5%乐果粉，每公顷22.5～30.0千克，或50%灭蚜松1 000倍液喷雾。

五、饲用价值及利用技术

1. 营养价值

据分析测定，多年生黑麦草各营养成分占干物质的百分比分别是：粗蛋白质14.93%～16.50%，粗脂肪3.80%，粗纤维21.30%，无氮浸出物4.57%，钙0.075%，磷0.07%。

2. 刈割和产量

多年生黑麦草再生性好，分蘖力强，据测定分蘖平均44个，是同条件的无芒雀麦的5倍。耐刈割，当草长到35～40厘米高时进行刈割，留茬5～10厘米，到次年6月底前轮流刈割4～5次，每次刈割后应用10千克速效氮肥兑水浇泼一次，刈割后的再生枝条超过刈割前的分蘖总数。年亩产鲜草4 000～8 000千克，春播当年就可亩产鲜草1 500千克。黑麦草收草宜在抽穗至乳熟期进行，放牧宜在株高15～20厘米时进行。无论是放牧或割草，留茬高度不得低于7厘米，过高造成牧草浪费，过低影响牧草再生长。

3. 利用

多年生黑麦草草质优良，在春、秋季生长繁茂，叶量丰富，草质柔嫩多汁，适口性好，是马、牛、羊、兔、猪、鸡、鹅、鱼的好饲料。供草期为10月至次年5月，夏天不能生长。

黑麦草可青饲、青贮或调制干草，也适于放牧利用。与白三叶、红三叶、百脉根等混播，能建成高产优质的刈牧兼用草地。

黑麦草营养价值高，开花前刈制干草，每100千克含可消化蛋白质4.9千克。由于其根系发达，生长迅速，可增加种植地土壤的有机质，改善种植地土壤的物理结构。

黑麦草坡地种植，可护坡固土，防止土壤侵蚀，减少水土流失。

多年生黑麦草为冷季型草种，生长迅速，成坪速度快，常作为庭院和风景区绿化的先锋草种。也可以作为狗牙根等暖季型草坪上的补播材料，从而使草坪冬季保持绿色。

第五节 苦荬菜

一、概述

苦荬菜属菊科，多年生草本植物，又名苦麻菜、凉麻、莪菜、八月菜、八月老、山莴苣、洋莴苣等，是一种产量高、营养丰富、适口性好的青绿饲料。苦荬菜是由野生山莴苣驯化而来，经不断的人工选择和培育，已产生很多适应各地生态条件的类型，其中栽培量最大的就是高达型饲用苦荬菜。苦荬菜原产我国南方，其中以江苏、上海、浙江、广东、广西、湖南、湖北、四川、云南、贵州等地为多，现已遍及全国。

二、形态特征

苦荬菜有白色乳汁，具匍匐茎。地上茎直立，高 30～80 厘米。叶互生，长圆状披针形，先端钝圆，具疏缺刻或三角状浅裂，边缘有小尖齿，基部渐狭成柄；茎生叶无柄，基部成耳廓状抱茎。头状花序顶生，呈伞房或圆锥状排列。总苞钟状；花黄色，全为舌状。瘦果长椭圆形。冠毛白色。花期秋末至翌年初夏。如图 3—7 所示。

图 3—7　苦荬菜

三、适应性

苦荬菜喜温暖湿润气候，在年降水量 600～800 毫米的地区种植最合适，耐热、耐湿、耐阴，不耐涝，抗旱性和耐温性较差，对土壤和光照条件要求都不严格，微酸微碱性土壤均可种植。但以排灌良好、有机质多而肥沃的土壤生长最好。

四、栽培技术

1. 整地

苦荬菜不宜连作，其前茬应为麦类或豆科牧草等饲料作物，后茬作物应安排豆类、小麦、玉米、薯类等作物。种子小而轻，幼苗出土力弱，要求精细整地。最好秋翻地，耕深在 20 厘米以上，整平耙细，保好墒，以利苗全苗壮。

2. 播种

可以直播，也可以育苗移栽。将种子拌和细土，均匀撒播，每分苗床播种 250 克，可供 1～2 亩地栽植之用，播种以后，只要温度和湿度适宜，约 5～6 天即可发芽。待长到 3～4 片叶即可进行移栽。北方多春播或冬播寄子，南方可秋播，播种量每公顷 7.5 千克，育苗时只需 1.5～4.5 千克，播深 2～3 厘米。

采用条播，行距 25～30 厘米，每亩播种 0.5～0.6 千克，播后覆土 1～2 厘米。如果是育苗移栽，在幼苗长到 5～6 片真叶时，按株行距 20 厘米×40 厘米移栽，移栽后浇水，每亩大约栽 8 000 株苗。

当土壤温度为 5～6℃时，种子即能发芽，忍耐最高温度为 35～40℃，忍耐最低温度幼苗为－2℃、成株为－4～－3℃。

3. 田间管理

(1) 施肥。苦荬菜生长快、收割次数多、高产，因而需肥较多。播前要施足底肥，每亩施腐熟的有机肥料 3 500～5 000 千克、尿素 10～15 千克、过磷酸钙 15～20 千克。每次收割后结合灌溉追施腐熟的人粪尿或硫铵、尿素等化肥。

(2) 苗期管理。苦荬菜苗期生长缓慢，从出苗到长出 7～8 枚莲垂叶时，需 35～45 天。适合密植，通常不间苗，2～3 株一丛，生长良好，苗期不耐杂草，要注意除草。苦荬菜长到 30 厘米高以上，就可以刈割或取叶饲喂，若有条件，每刈割或剥叶一次，每亩可追施尿素 10～15 千克或土杂肥 3～4 担。同时，还要做好中耕除草工作。一般每隔 10～20 天可剥叶或刈割一次。剥叶不能剥的太多，至少要留 8 片叶。如刈割则不能将菜心割掉，应留下 3～6 厘米高的茬，以利再生。若采收子实时，8 月以后应停止使用，使其抽薹开花结子。

(3) 常见病虫害防治。苦荬菜的病虫害较少，开花结实期易发生蚜虫和白粉病，发生时可用 40%乐果 1 000～2 000 倍液喷杀，但已到生长后期，所以对产量影响不大。

五、饲用价值及利用技术

1. 营养价值

苦荬菜的营养全面，矿物质含量丰富，氨基酸种类齐全。鲜草中含干物质 88.71%，其中粗蛋白质 19.74%，粗脂肪 6.72%，粗纤维 9.63%，无氮浸出物 44.02%，灰分 8.6%。

2. 刈割和产量

在温带地区，苦荬菜一般于 4—5 月出苗或返青，8—9 月为结实期，生育期 180 天左右；在亚热带地区，一般于 2 月底 3 月初出苗或返青，9—11 月为花果期，秋季生出的苗能以绿色叶丛越冬。生育期 240 天左右。再生快，抽茎前刈割后能很快抽出嫩叶，抽茎后长势减弱，但仍能从叶腋间抽出新茎。北京地区 7 月抽茎，8 月上旬陆续开花，9 月种子成熟。每年刈割 3～4 茬，南方则为 5～8 茬，一般每公顷产鲜绿饲草 75～100 吨，高者可达 150 吨。

3. 利用

苦荬菜鲜嫩多汁，虽味稍苦，却适口性好，能促进畜禽食欲，帮助消化，对防止猪便秘，提高母猪乳量及仔猪增重十分有利。适宜饲喂猪、牛、禽、兔、鱼。以亩产鲜草 4 000～6 000 千克计算，可养 5 头猪或 100 只鸡，或 50 只兔或鹅 80～100 只。

第六节　饲用甜菜

一、概述

饲用甜菜是二年生草本植物。在我国南北各地均有栽培，东北、华北、西北等地种植较多，广东、湖北、湖南、江苏、四川等省也有栽培，是一种高产优质的饲料作物。它的品质好、产量大、经济效益好，可以带动广大农民的种植积极性，对发展当地的畜牧业和增加农民的收入有重要作用。

二、形态特征

饲用甜菜具有粗大的块根。生长第二年抽花茎，高可达 1 米左右，根出丛生叶，具长柄，呈长圆形或卵圆形，全缘呈波状；茎生叶菱形或卵形，较小，叶柄短。圆锥花序大型，花两性，通常 2 个或数个集合成腋生簇；花被 5 片，果期变硬，包被果实，生于肥厚的花盘上；胞果，生产上称为种球，每个种球有 3～4 个果实，每果 1 粒种子，种子横生，双凸镜状，种皮革质，红褐色，具光亮。饲用甜菜的根形、颜色随品种而异，按块根形状可分为圆柱形品种、长椭圆形品种、圆锥形品种。如图3—8所示。

图3—8　饲用甜菜

三、适应性

饲用甜菜对温度的要求：在种子萌发时为6～8℃，幼苗在子叶期不耐冻，一直到真叶出现后抗寒力逐渐增强，可忍耐−6～−4℃的短暂低温。生长最适宜的温度为15～25℃。

饲用甜菜对水、肥要求比较高，在黑土、沙土上种植，具有充足的水、肥时，可获得高产，单株块根重可达6～7.5千克。在轻度盐渍化土地上也可种植，但产量不高。

四、栽培技术

1. 整地

选择土层深厚、排水及通气性好、4年以上轮作、不重茬、不迎茬，且肥力中等以上的土地。要求秋翻25厘米以上，浇好秋水，秋压或春压优质有机肥5 000千克。播种前用缺口耙深耙一遍，然后用铁耙纵横耙两遍，之后镇压一遍。整地质量要达到地平土碎，上虚下实，无坷垃，无根茬，墒好墒匀的要求。

2. 播种

（1）饲用甜菜的果为胞果，发芽时需要充足的水分，因此，早春多风地区，播种期应尽可能提前，若春灌整地时间晚，干土层厚，会影响出苗。

（2）播种时间：在西北和华北地区，一般3月底至4月上旬；东北地区4月上旬。

（3）播种方法可采用条播或穴播，每亩需干燥种子1～1.5千克。种球千粒重20～25克，饲用甜菜苗期生长缓慢，从播种到封垄需70～90天。

（4）为了提高土地利用率，在垄间可套种一茬速生青饲料，如蔬菜花缨萝卜等，每亩可增收 4 000 千克左右的青饲料。

（5）在密度方面，应掌握肥田宜稀，瘦田宜密的原则。

3. 田间管理

（1）施肥。在密度相同的情况下，块根产量随着施肥量的增加呈现不同程度的增产效果，以 6 000 株/亩的密度，增产效果较显著。超过这一密度，施肥量即使增加，密度越大减产也越多。

（2）为了增加饲料产量，减少或避免与粮油作物争地，可利用春油菜、小麦等收后的短期休闲地移栽复种。饲用甜菜的收获一般在 10 月中下旬，作为饲用的可运至饲养场进行简易储藏。留种的母根，应选择 1～1.5 千克的、没有破损、根冠完好的块根，进行窖藏。放置时一层块根撒一层湿土或沙土，温度应保持在 3～5℃。

（3）常见病虫害防治

1）病害

①甜菜褐斑病。发病初期喷洒稀释 800 倍的 50%多霉灵可湿性粉剂，不能奏效时改用稀释 1 500 倍的 50%苯菌灵可湿性粉剂或 50%扑海因可湿性粉剂，隔 10～15 天 1 次，连续喷 2～3 次。

②甜菜立枯病。发病初期用稀释 800～1 000 倍的 70%敌克松可湿性粉剂或稀释 4 500 倍的 95%恶霉灵（绿亨 1 号）精品喷洒或灌根。

2）虫害

①甜菜夜蛾。喷洒高效氯氰菊酯稀释 1 500 倍液或敌杀死 1 500 倍液防治。

②甜菜潜叶蝇。喷洒 40%的敌敌畏 500 倍液或 80%的乐果 800 倍液防治。

③地老虎。主要危害饲用甜菜的幼苗期，早晚喷洒敌杀死 1 500 倍液，效果较好。

五、饲用价值及利用技术

1. 营养价值

饲用甜菜干物质中粗蛋白质含量达 13.39%，粗脂肪为 0.89%，粗纤维为 12.46%，无氮浸出物为 63.4%，灰分为 9.79%。叶片干物质中，粗蛋白质含量达 20.3%，粗脂肪为 2.9%，粗纤维为 10.5%，无氮浸出物为 60.85%，灰分为 5.8%。块根干物质消化率达 80%以上。

2. 刈割和产量

饲用甜菜是秋、冬、春三季很有价值的多汁饲料，它含有较高的糖分、矿物盐类以及维生素等营养物质，粗纤维含量低，易消化，是猪、鸡、奶牛的优良多汁饲料。

饲用甜菜的产量很高，但因栽培条件不同，产量差异很大。在一般栽培条件下，亩产根叶 5 000～7 500 千克，其中根产量 3 000～5 000 千克；在水肥充足的情况下，每亩根叶产量可达 12 000～20 000 千克，其中根产量 6 500～8 000 千克。

3. 利用

饲用甜菜不论正茬或移栽复种，均比制糖用甜菜产量高。从单位面积干物质计算，饲用甜菜比制糖用甜菜产量低，但从饲用价值看，应以种植饲用甜菜为宜。因为饲用甜菜的含糖量仅为 6.4%～12.0%，因此可以避免由于饲料中含糖量高对家畜消化带来不良的影响。在家畜饲料中添加饲用甜菜，可明显增加家畜的采食量。

饲用甜菜可以切碎生喂或熟喂家畜，也可以打浆生喂家畜，叶可青饲和青贮。饲用甜菜中含有较多的硝酸钾，在生热发酵或腐烂时，硝酸钾会发生还原作用，变成亚硝酸盐，使家畜身体组织缺氧，呼吸中枢发生麻痹，导致窒息而死。在各种家畜中，猪对其较敏感，往往因吃了煮后经过较长时间（2～3 天）保存的甜菜而造成死亡。为了防止中毒，喂量不宜过多，如需煮后再喂，最好当天煮当天喂。

第七节　鲁梅克斯

一、概述

鲁梅克斯的学名为巴天酸模，又称洋铁叶子，俗称高秆菠菜。它是经杂交育成的新品种，属蓼科酸膜类多年生宿根草本植物，既是一种新型的高蛋白饲料，又是一种优良的防止水土流失、改善生态环境的地被植物。该品种在亚洲、欧洲、北美洲均有分布，我国南方、北方都有种植，特别是西北地区盐渍化土壤种植广泛。

二、形态特征

鲁梅克斯为多年生草本植物，株高 1.2～1.5 米，茎直立不分枝，粗壮，有棱槽，根茎部着生侧芽，主根发达，叶簇生，叶呈卵状披针形，长 20～30 厘米，宽 5～10 厘米，叶柄长 20～30 厘米，光滑全缘，叶色青绿，拔节前茎缩在地表处，叶片重叠呈莲座状（见图 3—9）。初夏茎梢着生淡绿色小花，圆锥花序，雄蕊 6 枚，雌花柱红紫色。果实外包 3 片翅状的宿存萼片，小坚果三棱形，黄褐色，落粒性强，种子千粒重为 4 克。

三、适应性

鲁梅克斯具有高产、速生和品质优良的特性。因其在山地、林缘、河岸、谷地、田间路旁及庭院附近均能生长。所以它具有耐盐碱性、抗旱耐寒性、抗热性较差等特点。

图 3—9　鲁梅克斯的叶子

1. 耐盐碱

在含盐量 0.07%～1.02%、pH 值 8～10 的盐碱地及干旱的风沙地中均能正常生长，而大多数作物在土壤含盐量超过 0.3%就不能正常生长。它的抗盐碱特性对充分开发利用和改造我国 5.2 亿亩盐碱地具有广阔的应用前景。

2. 抗旱耐寒

鲁梅克斯根系发达，可深达 2 米，在年降雨量为 130 毫米的地区仍能生长，又有极强的耐寒性，能耐－40℃的低温。可有效抵御因降雨少造成的热风干旱天气，并能在我国北方安全越冬，结子。

3. 抗热性较差

七八月高温季节，生长缓慢或停止生长，待果实成熟后，植株的地上部分干枯死亡。经一段时间休眠后，在根顶处长出新叶，进行第二次营养生长。在冬季到来前，地上叶片枯死，在地下形成多个越冬芽，为下一年返青做准备。

四、栽培技术

1. 整地

无论是直播还是育苗移栽，苗床都需要施足基肥，施肥后深翻土壤，深耕 20 厘米以上。整地要求做到土壤疏松、平整、细碎。多雨地区提倡垄作。土地耙平，浇足底水，待水分下渗后再播种。

2. 播种

（1）播种期。播种育苗春播或秋播均可。春季地温达 10℃以上时即可播种。秋季最迟在植株停止生长前两个半月播种，播种过晚，根内养分储存不足，不利于越冬，即使能越冬，第二年产草量和种子产量也较低。

（2）播种量。每亩播种量 0.4～0.5 千克，播种深度 2～3 厘米，播后镇压。条播，行距

60 厘米，也可窄行种植，大行距 60 厘米，小行距 45 厘米，定植株距 8～10 厘米。由于种子细小，一般都采用育苗移栽的方法。育苗移栽管理方便，出苗整齐。播种前先将种子用清水浸泡 10 小时，清除杂质和瘪粒，然后捞出晾干播种。在床面上用刀切划 10 厘米×10 厘米的小方块，每一方块中播种子二三粒，覆土 1 厘米厚，再在苗床上盖塑料薄膜，约 10 天左右即可出苗。

3. 田间管理

（1）施肥。中等肥力地块每亩施腐熟有机肥 3 000～4 000 千克，施 4～6 千克磷肥和钾肥。除施足底肥外，每次刈割后，要结合浇水追肥一次，追肥以氮肥为主，适当配合磷、钾肥。

（2）保墒与定植。鲁梅克斯是喜水作物，幼苗期应尽量保持土壤湿润，稍遮阴，防止烈日灼伤。成苗后，由于叶片多而宽大，生长快，很快就会封垄，可以抑制杂草的孳生。定植苗龄 40 天左右，叶片 5～7 片时就可以进行定植。移栽时用铲子切成小方块，带土坨栽植。因幼苗纤嫩，容易失水，要随起随栽。栽植行距为 40～50 厘米，株距 30 厘米左右，每亩栽 4 500～5 000 株，栽后充分浇水。

（3）常见病虫害及防治。鲁梅克斯牧草在生长期遇高温干旱天气，易遭蚜虫危害，可用 2.5%功夫菊酯乳油稀释 1 000 倍、40%乐果稀释 1 000～2 000 倍、20%速灭杀丁稀释 2 000 倍进行喷雾防治。对蛴螬、蝼蛄等地下害虫，可用 50%辛硫磷乳油稀释 1 500 倍灌根防治。

危害鲁梅克斯牧草的病害主要有白粉病和根腐病。白粉病可用 25%粉锈宁可湿性粉剂稀释 300 倍液、75%百菌清可湿性粉剂稀释 600 倍液、64%杀毒矾可湿性粉剂稀释 500 倍液进行喷雾防治。根腐病可用 50%多菌灵可湿性粉剂稀释 500 倍液、70%甲基托布津可湿粉剂稀释 800 倍液、70%代森锰锌可湿性粉剂稀释 500 倍液灌根防治。

五、饲用价值与利用技术

1. 营养价值

鲁梅克斯蛋白质含量随生育期的不同有很大的变化。在莲座期干物质中粗蛋白质含量为 31.43%，粗脂肪 3.6%，粗纤维 13%，无氮浸出物 8.3%，粗灰分 18%。现蕾期粗蛋白质含量为 23.69%。果实形成期干茎叶平均含蛋白质 12.13%，可消化蛋白质达 78%～90%。此外，还含有 18 种氨基酸和丰富的 β—胡萝卜素及多种维生素及锌、铁、钾、钙等元素。

2. 刈割和产量

鲁梅克斯生长期长，耐刈割，种植一次，可连续利用 10～15 年。当株高达到 60～80 厘米时，就可以进行第一次刈割，刈割时留茬 5 厘米高，以利再生。一般每年可刈割 2～3 次。

产量高。由于鲁梅克斯生长力强，北方春夏秋三季、南方一年四季可随割随长，亩产鲜草盐碱荒地为 10 000 千克左右，中等肥力田地达 20 000 千克以上。

3. 利用

鲁梅克斯茎叶含有鞣酸（单宁酸），作为青饲料，适口性较差，家畜最初不喜食，需经过一段时间的饲喂过程方可习惯。喂猪、兔、牛效果较好，马、羊喂量不能过大。该牧草除了青饲以外，还可以与作物秸秆或禾本科牧草混合青贮，有快速烘干设备时，还可以加工成草粉或牧草颗粒。鲁梅克斯作饲料广泛用于养殖各种畜禽及鱼类，效果均优于其他牧草，综合效益显示饲养成本降低 10%～15%，经济效益提高 30%～50%。

在园林绿化上，鲁梅克斯作为地被植物或公路斜坡护坡植物，均具有良好的防尘、降温、增湿、净化空气、防止表土流失等功效。它叶片多（每株有叶 80～120 片），冠幅大，生长迅速，形成巨幅的绿色屏障，覆盖地面，呈现一片翠绿景观。

第八节　白　三　叶

一、概述

白三叶，又名白车轴草、白花三叶草、白三草、车轴草、荷兰翅摇，系多年生草本植物，原产于小亚细亚南部和欧洲东南部，广泛分布于温带及亚热带高海拔地区，是爱尔兰国花。我国东北、河北、华东及西南地区均有栽培。如图 3—10 所示。

图 3—10　白三叶

二、形态特征

白三叶，茎匍匐，无毛，茎长 30～60 厘米。掌状复叶有 3 片小叶，小叶呈倒卵形或倒心形，长 1.2～2.5 厘米，宽 1～2 厘米，栽培的叶长可达 5 厘米，宽达 3.8 厘米，顶端圆或微凹，基部呈宽楔形，边缘有细齿（见图 3—11），表面无毛，背面微有毛；托叶椭圆形，顶端尖，抱茎。花絮头状，有长总花梗，高出于叶；萼筒状，萼齿三角形，较萼筒短；花冠白色或淡红色，旗瓣椭圆形。荚果心脏形或卵形，黄色或棕黄色有 3～4 个种子；种子细小，千粒重为0.5～0.7克，近圆形，黄褐色。花期5月，果期8—9月。

图3—11　白三叶的掌状复叶

三、适应性

白三叶是一种匍匐生长型的多年生牧草，喜欢温凉、湿润的气候，最适生长温度为16～25℃，适应性比其他三叶草广，耐热耐寒性比红三叶及绛三叶强，适应亚热带的夏季高温。在东北、新疆等地有雪覆盖时，均能安全越冬。较耐阴，在部分遮阴条件下生长良好。耐践踏，再生性好，对土壤要求不高，耐贫瘠、耐酸性强，在pH值4.5的土壤中仍能生长，最适排水良好、富含钙质及腐殖质的黏质土壤，不耐盐碱、不耐旱。

四、栽培技术

1. 整地

在未种过白三叶的土地上首次播种时，需用白三叶根瘤菌拌种。白三叶种子细小，幼苗纤细出土力弱，苗期生长极其缓慢，为保全苗，整地务必精细。不论春播或秋播，都要提前整地，先浅翻灭茬，清除杂物，蓄水保墒。隔10～15天，再行深翻耙地，整平地面，使土块细碎，翻耕后施入有机肥或磷肥，播层土壤疏松，以待播种。

2. 播种

(1) 白三叶种子硬实率较高，播种前要用机械方法擦伤种皮，或用浓硫酸浸泡腐蚀种皮对种子进行处理后再播。单播每亩播0.25～0.50千克，做草坪可适当加大播种量。

(2) 硫酸浸泡方法是：浸泡20～30分钟，捞出后用清水冲洗干净，晾干播种。种子田每亩播种0.2～0.25千克，人工草地每亩播种0.4～0.5千克，湿润地区播种量要小，干旱地区播种量要大。

(3) 播种深度1～2厘米。播种过深不易出苗，要根据土壤质地和干湿情况适度掌握。播种期：春、夏、秋三季均可，但较高寒地区，以春、夏两季播种为好，如秋播，则应早播，可使幼苗有一个月以上的生长时间，以利越冬。播种方法多样，可以单播，也可以混播，可以条播，也可以撒播。种子田须单播、条播，行距40～50厘米；人工草地单播或混播，可以条播也可以撒播，条播行距20～30厘米；混播禾本科和豆科牧草较多，协调性最好的有鸡脚草、草地狐茅、草地羊茅、多年生黑麦草，其次是牛尾草、猫尾草、红三叶等。与禾本科牧草混播，白三叶占40%～50%；与红三叶混播，白三叶占50%～60%。

不适宜与地三叶、紫花苜蓿等含雌激素（香豆雌醇）的牧草混播，以防牛羊长期采食引起繁殖障碍。

3. 田间管理

（1）施肥

1）结合深耕施足底肥，每亩施有机肥料 1 500～2 000 千克，混入过磷酸钙 15～20 千克，在湿润环境下堆积发酵腐熟有机肥料 20～30 天，然后施用。

2）播种前再浅耕土壤，每亩施入 5～8 千克硝酸铵等，促进幼苗生长，充分发挥生产潜力。

（2）破除表土板结和除草。播种后出苗前，若遇土壤板结时，要及时耙耮，破除板结层，以利出苗。苗期生长慢，为防杂草危害，要中耕松土除草 1～2 次。

（3）中耕追肥和灌溉。生长两年以上的草地，土层紧实，透气性差，在春、秋两季返青前和放牧刈割后的再生前，要进行耙地松土，并结合松土追肥，每亩施过磷酸钙 20～25 千克，或磷二氨 5～8 千克，以利新芽新根生长发育。白三叶对土壤水分要求较高，有灌溉条件的，在土壤干旱时，结合追肥进行灌溉。混播草地，因牧草前后期生长速度不同，出现争光、争水、争肥不协调生长时，或因偏施氮肥，使白三叶生长受到抑制时，应通过偏施磷、钾肥，借刈割或放牧来调整生长，控制禾本科牧草生长，避免白三叶受抑制或从混播草地中消失。

（4）病虫害防治

1）病害主要有菌核病和病毒浸染。受菌核病浸染的植株，开始病部呈水渍状、浅褐色斑痕，然后向上蔓延。斑痕色泽由浅褐色变成灰白色。这时根茎基部软腐，长出白色絮状物，或黑色菌核粒。受害轻者，植株呈星点发黄，重则大片枯萎蔫而死。防治方法如下：首先将植株拔起，并集中处理，以减少蔓延。多雨季节注意排水，避免草地积水，减少发病条件。还可用化学农药控制。常见的乙烯菌核剂，能使菌核细胞破裂。市售的 50％农利灵可湿性粉剂，每亩用量 75～100 克，兑水喷雾，每周 1 次，连用 3～4 次，基本可以控制。还可选用 25％扑海因悬浮剂，每亩用量 66～100 克，兑水喷雾，同样能收到防治效果。

被病毒感染的白三叶，初期叶片出现花斑或叶脉黄化或皱缩，严重时植株枯死。防治方法：只能从改善栽培条件入手，用药物防治很难奏效。可采用种子消毒、土壤处理、杀灭传播昆虫媒介等方法。

2）虫害主要有：叶蝉、地老虎、白粉蝶、斜纹夜蛾等，平时注意观测，一旦发现，及时防治。

①叶蝉。主要以幼虫和成虫栖息于叶背，吮吸叶汁液。轻者叶片退绿，并在叶片上出现小白点；重则叶片呈苍白色。防治方法：4 月下旬检查，若发现幼虫，可以 50％的杀螟松 1 500 倍液，或除虫菊酯类农药 2 000 倍液喷杀。喷药要均匀，叶面叶背、植株上下里外都要喷到。

②地老虎。早春危害根芽，尤其是沙质土和连作地发生较重，有的在地面咬断根茎，有的从地下啃食萌芽，造成植株成片死亡。防治除常用的毒液诱杀外，可用呋喃丹颗粒进行沟施或穴施，每亩用量 1 500～2 000 克。此药残效期长，施药后 7～8 周可免遭危害。

③白粉蝶。是白三叶几大害虫之一。每年 4—10 月，常有白粉蝶幼虫危害叶片。尤其是在夏季干热少雨季节发生最重，幼虫能将叶片吃光。受害植物生长势减弱。可在幼虫危害期喷青虫菌杀灭，也可在早晨露水未干时，撒 2.5%敌百虫粉剂，每亩用量 1.5～2 千克，效果较理想。

④斜纹夜蛾。是白三叶的主要害虫之一。白天隐藏，晚间活动，1～2 龄取食叶肉，3～4 龄蚕食叶缘，咬成缺刻，5～6 龄达到暴食期，蚕食叶片甚至吃光。此虫有假死性，幼虫有潜土习性（1～2 厘米），降雨对驱斜纹夜蛾有利，暴雨或冷空气入侵对其不利。斜纹夜蛾最适合的生长温度为 15～25℃，可在傍晚或早晨打药，可撒 2.5%敌百虫粉剂、5%杀螟松粉剂，每公顷用量 22.5～30 千克，也可用喷洒 90%敌百虫结晶 1 000～1 500 倍液、50%敌敌畏乳液 1 000～2 000 倍液、50%杀螟松乳剂 1 000 倍液，每亩用量 50～100 千克。

五、饲用价值及利用技术

1. 营养价值

在开花期，白三叶草的粗蛋白质含量是 20.8%，粗纤维 26.3%，粗灰分 10%，无氮浸出物 42%。

2. 刈割和产量

白三叶花期长达 2 月之久，种子成熟很不一致，应分期多次采种，或在 60%～70%的花序变为深褐色时一次收割。种子脱粒比较困难，要充分晒干，进行碾压或用专用脱粒器械脱粒。种子清选后，储存在通风干燥处，并注意防潮防鼠。人工草地的利用年限，因管理利用及目的的不同而长短不一，一般为 3～7 年。

3. 利用

（1）用做刈割的适宜生育期为初花期至盛花期，留茬高度 2～3 厘米，以利再生，混播草地还应视其他牧草适宜刈割期而定。制作干草时要及时干燥、堆垛，避免雨淋。青贮要严格控制水分含量，压实封严。

（2）用于放牧的，要在分枝盛期至孕蕾期，或草层高度达 20 厘米时开始，高度在 5～8 厘米时结束放牧，放牧不宜过重，免损生机；每次放牧后，应停牧 2～3 周，以利再生；放牧牛、羊时不要在雨后和有露水时进行，以免牲畜发生膨胀病。

（3）用于绿肥的，要在二龄以上的初花至盛花高产期进行，翻压前要先低茬刈割切为 5～10 厘米短段再翻压，翻压须细翻埋严，以免茎枝再生，灌区翻后灌水沤制，旱作地待雨季进行。

（4）城镇用于建植草坪，绿化美化环境的，可与紫羊茅、早熟禾、小糠草、多年生黑麦草、红三叶等植物混播配植，混播比例按色调需要而定，一般白三叶所占比例在 20%～50%。

（5）用于水土保持的，播种时也需要进行精细整地，在雨后抢墒播种，与猫尾草、多年生黑麦草、红三叶等牧草混播效果更好。

(6) 作为蜜源植物时，要与种子田和水土保持植物结合，在提高种子产量的同时，提高蜂蜜产量，增加白三叶种子的自然落粒，促进草丛更新，延长水土保持利用年限。

第九节 皇 竹 草

一、概述

皇竹草为多年生禾本科草本植物，由象草和美洲狼尾草杂交选育而成，是一种适应性广、抗逆性强、产量高、粗蛋白和糖分含量高的植物。在热带、亚热带和我国南方地区栽培广泛。在无灌溉条件下长势良好，其产量、干物质、粗蛋白、粗脂肪等主要技术经济指标保持了较高水平，是一种高产优质的刈割型牧草。

二、形态特征

皇竹草植株高大，直立丛生，根系发达，在温度适宜地区为多年生植物。株高可达4～5米（见图3—12），节间长9.15厘米（见图3—13）；有15～30个有效分蘖，每节着生1个腋芽，并由叶片包裹，叶片互生，长60～132厘米，叶片宽3～6厘米，8个月共生长35片叶。密集圆锥花序，长20～30厘米，但在温带地区栽培多不抽穗，因此，只能利用腋芽进行无性繁殖。

三、适应性

皇竹草系热带生长的植物，适宜热带与亚热带气候栽培，喜温暖湿润气候。阳光要求：日照时间100天以上。地理位置：海拔1 500米以下。年平均气温：15℃以上。年降雨量：800毫米以上。年无霜期：300天左右。水源：育苗期间充足。

据报道皇竹草在12～15℃条件下开始生长，25～35℃为适宜生长温度，低于10℃时生长受到抑制，低于5℃时停止生长，低于0℃需采取保护措施。皇竹草耐酸性，耐高温，耐干旱，耐火烧，但不耐水涝。

四、栽培技术

1. 自然栽培方法

(1) 选地。皇竹草生长对土壤无特殊要求，各种类型土壤均能生长。皇竹草抗旱力强，

图 3—12　5 米高的皇竹草

图 3—13　皇竹草的种节

在排水不畅的积水地区生长不利。可耐低温及微霜，但不耐冰冻，对于土壤的肥力反应快速，牛粪为最佳肥料。做饲料栽培，亩栽 2 000～3 000 株；做围栏、护堤栽培，株距 40 厘米；做种节繁殖和架材、观赏栽培，每亩 600～1 000 株或株距 1～1.5 米，如光照不足，宜稀植，以免倒伏。

（2）水肥。皇竹草耐肥性极强，为加快生长及提高产草量，可重施有机肥和氮肥，增加施肥次数和数量，并满足其对水分的要求。水肥条件越好，越能发挥高产优势，以宿根草计算全年产量，亩产可达 20 吨以上。

（3）繁殖。一般采取茎节繁殖。最低温度 8℃以上的季节均可种植，像种甘蔗一样，用分蘖栽植，深度 7～10 厘米，栽后及时追肥，以促进成活和生长。一般用粗壮无病、芽眼凸出的节茎切成段，种蔸和分蘖为繁殖材料。每节（芽）蘖为一个种苗。每株只需一节，节（芽）可平放，也可斜放或直插，入土 7 厘米，保持土壤湿润，10～20 天可出苗。覆土踩实，株行距 0.5 米×1 米，每节当年可繁殖 20～30 根，可切几百节，第二年便可大量繁殖了。

（4）田间管理。生长前期加强中耕除草，适时浇水和追肥。如用做架材、观赏、繁殖等，当植株长到2米高以后，应将下部老叶摘除，促进茎节老化、坚实硬化，增添观赏性；作为观赏、护堤、围栏，每年春季萌发前进行一次疏理，疏去部分弱小过密植株；作为青饲料栽培，每刈割一次，施一次肥料，每亩施用尿素25千克或碳酸氢铵50千克。

（5）引种。冬季无霜区，一年四季均可引种；有霜区以每年3—8月份种植为佳；如在9月份后引种，冬季应加强保温措施。

2. 人工栽培方法

（1）择地。宜选择土层深厚，排水良好的土壤。

（2）整地。由于种植的场所和目的不同，畦的规格也不同。畦的规格有以下两种：一是在坡度25°以上山地种植，应沿等高线种植，每亩栽800株。二是在平整的河滩或坡度小于25°的坡地种植，每亩栽670株。

（3）育苗。在我国南方，皇竹草为多年生植物适宜在平均气温大于12℃的季节种植。在福建等南方各省适宜栽培季节是3—11月。常用短秆扦插的方法。由于皇竹草在南方不抽穗，只能采用腋芽进行无性繁殖，方法是用修剪刀剪带有一个节的茎，按株行距10厘米×10厘米，每平方米80～100节。将茎节腋芽朝上，斜插或直插在畦上，节芽入土7厘米。插前将畦面浇透水。

（4）移栽。按栽培的距离，将栽植坑周围土壤整疏松，在疏松的土壤周围均匀撒上复合肥，每坑约为50克。然后挖坑，坑深约20厘米，栽植后浇水至土壤湿透。

（5）田间管理。根据当地的雨水和土质情况，进行合理的浇水和施肥。如果人力允许，多浇水和施肥，可使产量大大提高。当苗高20厘米时，施1次氮肥以促壮苗和分蘖。并清除杂草2～3次。

3. 常见病虫害防治

皇竹草抗病力较强，很少发生病虫害。常见的病害有炭疽病和白粉病，虫害有地老虎、蚜虫和黏虫。炭疽病发病后，可用5%多菌灵或1∶1∶100波尔多液喷洒，隔7～10天连续喷洒2次。可喷施50%多菌灵可湿粉剂1 000～1 500倍液，防治白粉病。地老虎主要危害是咬断幼苗和肉质根茎、分蘖根，造成植株死亡或生长不良。发生时，可利用黑光灯、糖醋液诱杀成虫或幼虫，或喷洒50%的辛硫磷1 000倍液或80%敌百虫800～1 000倍液防治。蚜虫和黏虫（钻心虫）主要危害植株的叶和茎，可喷施40%的乐果1 000～1 500倍液或25%敌杀死乳油2 000～3 000倍液防治。植株喷施农药15天内，严禁收割饲喂畜禽。

五、饲用价值与利用技术

1. 营养价值

皇竹草营养丰富，成熟期粗蛋白质含量达18.46%，精蛋白质含量达16.68%，总糖含量达8.3%，含有17种氨基酸。

不同生长阶段，粗蛋白质含量差别大。生长1个月高50厘米时粗蛋白质含量为10.8%，而生长3个月高150厘米时只含粗蛋白质5.9%，幼嫩时含粗蛋白质54.6%。

2. 刈割和产量

皇竹草具有较强的分蘖能力，单株每年可分蘖80～90株，堪称草中之皇帝。因其叶长茎高、秆形如小斑竹，故名皇竹草。

株高80～200厘米时，即可刈割利用，每年刈割4～8次，喂饲大型草食动物，可让植株长得高大一些再刈割；喂饲小型草食动物，可刈割嫩叶或加工成草粉。

以皇竹草代替象草，每亩每年可多产鲜草2 000～5 000千克，多产粗蛋白质100～150千克。每亩产草量15 000～30 000千克。

3. 利用

（1）皇竹草叶较多，叶质柔软，茎叶表面刚毛少，脆嫩多汁，适口性和饲料利用率都比象草高。皇竹草植株各茎段的含糖量不同，皇竹草的平均锤度为5.2，说明其可溶性含糖量较高，这对提高适口性有良好作用。不论是鲜草，还是青贮或风干加工成草粉，都是牛、羊、兔、鹅、鸭、鸵鸟等各种草食性畜禽和鱼类的良好饲料。特别是用该草喂牛、羊，基本上可不用精料，大大降低了饲养成本。每亩可养5头牛，或50只羊，或400只兔。

（2）皇竹草纤维长，纤维含量25.26%，是甘蔗的两倍。其蒸煮时间、漂白度均优于麦草、甘蔗，可制造高档的纸品，是一种很有利用价值的非木材纤维制浆造纸原料。

（3）皇竹草可生产廉价的纤维板用于建筑装饰工程。其主要化学组分为：灰分3.77%，克拉森木素20.82%，综纤维素78.15%和戊聚糖19.50%。

（4）保持水土。皇竹草是防止水土流失，治理荒滩、陡坡之理想植株。皇竹草具有发达的根系，根系生长迅速，长可达3米以上，在较短时间内形成须根网络，牢固地锁住水分和泥土，防止水土流失，对绿化荒山荒坡，防风固沙都具有积极作用。皇竹草新陈代谢旺盛，代谢后的根是极好的有机质，利于土壤土质改良。

（5）净化空气。皇竹草有较强的光合作用，对净化空气、吸收空气中的有毒气体具有较强作用。建议在公路两旁、厂矿附近、公园内大面积栽植，以降低空气的污染程度，改善人们的居住环境。

第十节　紫　云　英

一、概述

紫云英，又叫翘摇、红花草、草子等，是豆科黄芪属植物。中国早在明、清时代就已在长江中下游地区大面积种植，广泛分布于长江流域和以南各省，黄淮流域也有种植，是重要的绿肥、饲料兼用作物。按生育期和成熟期可分早、中、晚 3 个类型。

二、形态特征

紫云英主根较肥大，一般入土 40～50 厘米。侧根入土较浅，其抗旱力弱，耐湿性强。紫云英主根、侧根及地表的细根上都能着生根瘤，以侧根上居多数。茎呈圆柱形，中空，柔嫩多汁，有疏茸毛。栽培品种株高一般 80～120 厘米，野生的只有 10～30 厘米。叶多数为奇数羽状复叶，具 7～13 枚小叶（见图 3—14）。小叶全缘，倒卵形或椭圆形。花为伞形花絮，一般腋生，少顶生，常有小花 8～10 朵，簇生在花梗上，排列成轮状。荚果两列，联合成三角形，稍弯，无毛，顶端有喙。每荚有种子 4～10 粒，种子肾状，种皮光滑，一般黄绿色，千粒重 3～3.5 克。

图 3—14　紫云英的奇数羽状复叶

三、适应性

紫云英系二年生（越年生）草本植物，有明显的越冬期。喜温暖湿润条件，全生育期间要求足够的水分，最适宜的土壤含水量为 20%～25%，当土壤水分低于 12%时开始死苗。幼苗期低于 8℃生长缓慢；开春以后，日平均气温达到 6～8℃以上时，生长速度明显加快。开花结荚的最适温度为 13～20℃。有一定耐寒能力，耐盐性差，不宜在盐碱地上种植，以 pH 值为 5.5～7.5 的沙质和黏质壤土较为适宜。

四、栽培技术

1. 整地

保持适宜的土壤水分，使水气协调，是保证紫云英全苗和丰产的重要环节。播种之前，稻底套播的，要先开好沟，并进行晒田。除围沟外，一般每隔 10～15 米开一条直沟，并与围沟相连。晒田以人立有脚印但不陷足为宜。翻耕播种的也应开沟作畦。

2. 选种和种子处理

（1）选择优良品种。早熟种有乐平、常德、闽紫 1 号等，中熟种有余江大叶、萍宁 3 号、闽紫 6 号等，晚熟品种有宁波大桥、浙紫 5 号等。

（2）晒种。可促进种子内酶的活性，提高种子发芽率，一般晒半天即可。

（3）擦（碾）种。可擦（碾）去种子表面的蜡质层，使种子易于吸水，可用粗砂混种子，用手抓握使种子和砂互相摩擦，或用碾米机轻碾至种子表皮光滑为止。

（4）浸种。可加速种皮软化，促进种子萌发，使出苗快而齐，浸水 12～24 小时捞起晾干后进行催芽，注意干旱田不要浸种，以防播种后缺水芽干枯。

（5）拌根瘤菌。种子催芽后露白时拌根瘤菌，用冷稀饭汤或泥浆混菌种后拌种，使菌剂黏附在种子表面，可提高菌肥的增产效果。0.5 千克紫云英根瘤菌菌种可拌 7.5 千克紫云英种子，播种 5 亩。

3. 播种

播种期由于气候及茬口的不同而有较大的变化。适当早播可提高鲜草及种子产量，但不能过早，秋播应在日平均气温下降至 25℃以下时为宜，春播以日平均气温上升至 5℃以上为好。播种量一般为每亩 2.5～5 千克，产草量多随播种量的增加而提高，但过高则无效果，北方以 4～5 千克为宜，南方以 2～3 千克为好。水、肥条件较好的田地可撒播，旱地、低产田或播种量少时也可采用宽幅条播或密丛点播。

4. 田间管理

（1）施肥。为使紫云英获得增产，一般应配合进行适当的施肥措施。

首先应当施磷肥做基肥。施用磷肥时应注意磷肥品种的选择，以免伤害种子。磷肥用量以每亩施用过磷酸钙或钙镁磷肥 20 千克为佳，特别缺磷的土壤则可增加至 30 千克。

钾肥能显著提高紫云英的鲜草产量，尤其是在南方稻底套播的地区。钾肥一般在割稻时或第一真叶出现时施用，用量一般为每亩 5～10 千克硫酸钾。

在瘠薄土壤上，幼苗期可少量施用氮肥，以促进根系生长和根瘤形成，在紫云英迅速生长时的 2 月中旬到 3 月上旬，每亩施用 3～5 千克的尿素能显著提高紫云英的产量。

补施微肥。施用硼、钼等微量元素肥料有良好的效果，尤其是留种田效果更好。施用方法以叶面喷施的效果较好。喷施浓度：硼砂为 0.1～0.15％溶液；钼酸铵为 0.05％溶液，喷施时期为 3 月中下旬。

在有条件的地区，施用有机肥做基肥对紫云英的幼苗生长、根瘤发育和全苗都有很好的作用，在红壤性水稻土上施用效果更为显著。

（2）灌溉。立春后及时清好沟，降低田间地下水位，促使紫云英根系良好生长。

稻田套播的，需先灌入能保持两天的浅水层。播后 2～3 天，种子已萌动发芽，自此至幼苗扎根成苗期间，切忌田间积水，否则将导致浮根腐烂，但太干也会影响扎根。水稻收获前10天左右至开春前，要求土壤水分保持润而不湿，使水气协调，根系发育良好，幼苗生长健壮，增强抗逆性。晚稻收割后，及时开好环田沟、厢沟和十字排水沟，前期田间保持湿润，防止积水（特别是后期）。

（3）常见病虫害防治。主要病害有白粉病，在生长期（特别是留种田）如发现白粉病，可用多菌灵或托布津稀释1 000倍喷雾，也可用波美0.4度石硫合剂喷雾防治。主要虫害有蚜虫、蓟马、潜叶蝇等，每亩可用吡虫啉10～20克，或90%敌百虫150克，加水30～50千克喷雾，也可用40%的乐果乳剂1 000～1 500倍液喷雾防治。

五、饲用价值及利用技术

1. 营养价值

盛花期鲜草干物质中含粗蛋白质25.3%，粗脂肪5.4%，粗纤维22.2%，无氮浸出物38.2%，粗灰分8.9%。

2. 刈割和产量

每亩产青草1 500～2 000千克，高者可达5 000千克。刈割以盛花期最好，当80%荚果变成褐色时即可收获种子，每亩产种子40～50千克。

3. 利用

（1）可入药。以根、全草和种子入药。夏秋采集，鲜用或晒干。该物种为中国植物图谱数据库收录的有毒植物，其毒性表现在全草地上部分，以新鲜茎、叶喂猪或在紫云英地中放牧耕牛均可引起中毒，猪、牛中毒症状以神经机能紊乱、肌肉松弛无力、四肢麻痹为主。

猪生食中毒初流涎、四肢颤抖、步态蹒跚、体温下降，继则瞳孔散大、兴奋不安、视物模糊；有的表现精神沉郁、呆立、爬行或拖行，严重者拒食、卧地不起。

牛的症状与猪相似，另有无目的圈行运动、嘴顶地以协助支撑等症状。经对症治疗可于3～4天恢复正常，死亡甚少。

牲畜食入因真菌污染发生霉变的全草，可出现“翘摇病”，以出血性贫血为主症，常引起死亡。

（2）青贮喂猪。青贮的优点是储存时间长，储存量大，成本低，且养分的损失也较少，口感也佳。紫云英的青贮料猪很爱吃，一般可掺入50%左右。应当注意的是，牛、羊、马等反刍动物虽然也可以紫云英作饲料，但不宜吃得过多，以免引起膨胀病。

（3）加工利用技术。紫云英茎、叶柔嫩多汁，叶量丰富，富含营养物质，是上等的优质牧草。可调制干草、干草粉或青贮料。

紫云英鲜草可青贮，各地可因地制宜推广应用。聚乙烯袋因容易破损，一般储存时间不宜超过3个月。紫云英鲜草收获后应先晒2～3天，使含水量降至70%左右，再切碎青贮，以免青贮期间因水分过多而造成养分损失。

紫云英含蛋白质较高，但含碳水化合物较少，是属于较难青贮的青饲料。添加酒糟、米糠、禾本科牧草等含碳水化合物较多的饲料可有效解决干物质和粗蛋白质损失问题。在青贮时间较长时，一般不要加盐为好。

第十一节 籽粒苋

一、概述

籽粒苋，又名千穗谷、西粘谷、西风谷等，系一年生优质牧草。原产于拉丁美洲，是阿兹特克人的主要粮食。欧洲、澳洲和亚洲西部均有种植，我国栽培的籽粒苋是从美国引进，具有高产、高蛋白、适应性强、适口性好的特点，除少数地区如内蒙古的锡林郭勒盟、青海的海西自治州种子不能成熟外，其他地区均可种植，并且长势良好。

二、形态特征

籽粒苋（见图 3—15），株高 250～350 厘米，茎秆直立，有钝棱，呈浓绿色或红色，粗 3～5 厘米，单叶，互生，倒卵形。圆锥状根系，主根不发达，侧根发达，根系庞大，多集中于 10～30 厘米的土层内。种子细小，千粒种子重 0.4～0.6 克。

图 3—15　籽粒苋植株

三、适应性

籽粒苋是喜温作物，生长期 4 个多月，但在温带、寒温带气候条件下也能良好生长。对土壤要求不严，最适宜于半干旱、半湿润地区生长，但在酸性土壤、重盐碱土壤、贫瘠的风沙土壤及通气不良的黏质土壤上也可生长。

籽粒苋喜温暖湿润气候，耐高温。耐寒能力差，种子在 10～12℃发芽缓慢，20℃时出苗较快，生长最适温度 24～26℃。夏季温度适宜、水肥充足时日生长高度达 3～5 厘米。抗盐碱，耐瘠薄，对土壤要求不严。但茎叶生长繁茂，需肥较多，对地力消耗较大。

在耐盐碱性实验中，种子在氯化钠溶液 0.3%～0.5%的浓度下能正常发芽，在土壤含盐量 0.1%～0.23%的盐荒地、pH 值为 8.5～9.3 的草甸碱化土壤上均生长良好，所以也是滨海平原及内陆次生盐渍化地区优良的饲料作物。

籽粒苋抗旱性强，需水量相当于小麦的 41.6%～46.6%，相当于玉米的 51.6%～61.3%，因而是西北黄土高原、半干旱半湿润地区沙地上的理想旱作饲料作物资源。

四、栽培技术

1. 整地

在全国各地各种类型的土壤均可种植，但水肥条件较好的疏松沙壤土为最好。籽粒苋种子细小，需精细整地，深耕细耙，打碎土块，以疏松表土，保蓄水分，初次播种时最好进行秋季深耕，耕翻深度在 20～30 厘米。播种前需要进行机械灭草和镇压，以利于控制播种深度，保证出苗的整齐度，克服缺苗、断垄现象，为播种和出苗整齐创造良好条件。

2. 播种

籽粒苋对播种时间要求不严，春、夏、秋季均可播种。北方地区春播在 4 月上旬到 5 月下旬，夏播可在 6 月上中旬；南方 3—10 月均可播种。播种量 0.4～0.5 千克/亩，播种多采用条播，株行距 30 厘米×10 厘米，播种深度 1～2 厘米，播种后镇压，地面平均温度达 18～24℃ 时种子即可萌发，在苗高 8～10 厘米（二叶期）开始间苗，10～15 厘米高时（四叶期）定苗，留苗 2 万株/亩。也可育苗移栽。

3. 田间管理

（1）施肥

1）翻耕前一般应施入腐熟有机厩肥 2 500～3 000 千克/亩，整地时一起翻入土中。

2）追肥。以氮肥为主，每次刈割后要中耕松土，追肥灌水，以促进再生。收子粒的籽粒苋一般要施肥三次左右，每亩施入稀薄人粪尿 500～1 000 千克（每 50 千克加尿素 0.5 千克）。茎叶刈割用的籽粒苋，每刈割一次，每亩施速效氮肥尿素 10 千克左右，最好加入稀薄人粪尿中浇灌施入。

3）如果单独施入化肥追肥，为了达到增产效果显著，每次刈割后追施化肥，尿素的追施量为 40 千克/亩，磷肥适量。

（2）播种后，苗期易受杂草危害，要及时中耕除草。苗高 8～10 厘米时，要间苗、补苗、定苗。苗期要追施氮肥、磷肥、钾肥。株高 1 米时，要适当培土，防止倒伏。

(3) 苗期中耕1~2次，若春旱严重，应适当沟灌保苗，现蕾期灌水一次可增产12%以上。籽粒苋幼苗期生长速度缓慢，易受其他宿根性杂草抑制，但只要适当管理，幼苗很快分枝；生育中期营养体急剧生长，分枝多，茎叶繁茂。

(4) 株高30~40厘米时生长迅速，需水较多，应注意灌溉。

(5) 常见病虫害的防治。籽粒苋的病害较多，大约有18种，而虫害较少，只线虫病害1种。病害的防治可根据病害的性质，即真菌病、细菌病、病毒病的不同而采取相应的措施。线虫病害可利用大多数植物线虫有在土壤中的生活史的特点，用化学药剂处理土壤；进行种子汰选和种苗的热处理；通过轮作、秋季休闲、翻耕晒土、田间卫生等耕作措施破坏植物线虫存活的适宜条件，以及利用天敌控制等。

五、饲用价值与利用

1. 营养价值

有人把籽粒苋称为“蛋白草”，这是因为其粗蛋白质含量显著高于一般谷类作物；赖氨酸含量是小麦的2倍，玉米的3倍；脂肪的含量，为谷类作物的1~3倍。

2. 刈割和产量

籽粒苋分枝再生能力强，适于多次刈割，刈割后由腋芽发出新生枝条，迅速生长并再次开花结果。当株高60~80厘米时开始刈割利用，留茬高度为20厘米，每隔20~30天刈割一次，一年可刈割4~5次，年鲜草产量可达5 600~10 000千克/亩。

3. 利用

籽粒苋是一种粮、饲、菜和观赏兼用、营养丰富的作物，是近年来我国重点推广的一种牧草。大力推广籽粒苋饲养畜禽具有“以草代粮”，节约精饲料的重要作用，还可以作盆景观赏，国内外称它是21世纪的粮食。

(1) 籽粒苋幼嫩的茎叶蛋白质含量很高，是猪、禽、鱼的优质饲料，可切碎或打浆、发酵煮熟后饲喂，也可与其他饲料混喂，还可制成青贮饲料。

(2) 鲜茎叶与粉状精饲料按1∶1的比例搭配喂鸡，产蛋率可提高10%，可节省精饲料10%以上。

(3) 新鲜茎叶与精饲料按2~4∶1的比例搭配喂猪，平均每头每日可增加0.16千克体重，每天可节省精饲料0.3千克；另外，幼嫩的茎叶可以作为蔬菜食用，子实可以作为粮食加工成食品，节约了粮食，减少了粮食消耗。

第十二节　苇状羊茅

一、概述

苇状羊茅又称苇状狐茅、高羊茅，是一种疏丛性多年生禾本科牧草。苇状羊茅是适应性最广泛的植物之一。它能够在多种气候条件下和生态环境中生长。原产于西欧，天然分布于俄罗斯、乌克兰的伏尔加河流域，北高加索，土库曼山地，西伯利亚，远东等地。我国新疆有野生种，北方暖温带及南方亚热带地区都有栽培。

二、形态特性

秆成疏丛，高 80～120 厘米。须根系发达，茎直立而粗硬，叶呈条形，叶片长而大，叶粗糙，圆锥花絮，松散多汁，颖果棕褐色，倒卵形种子。每年可生长 270～280 天，寿命较长，繁茂期多在栽培后 3～4 年。一般种子产量 25～35 千克/亩，千粒重为 2.51 克。如图 3—16 所示。

图 3—16　单株和成片的苇状羊茅

三、适应性

苇状羊茅适应性极广，能够在多种气候条件下和生态环境中生长。抗寒、耐热、耐干旱、耐潮湿。苇状羊茅枝叶繁茂，生长迅速，再生性强，在北京地区中等肥力的土壤条件下，一年可刈割 4 次，鲜草产量 2 500～4 000 千克/亩，鲜干比约 3∶1，可晒制干草 750～1 250 千克/亩，产草量依水分条件和土壤肥力及管理水平而变化。环境适宜可发挥高产潜力。

苇状羊茅抗逆性强，但耐寒性差，冬季－15℃条件下就无法生长，在东北和内蒙古大部分地区无法越冬。在淮河以南地区几乎四季常青，夏季能够耐 38℃的高温。适宜年降雨量为 450～1 500 毫米，最适宜在年降雨量 450 毫米以上和海拔 1 500 米以下、年平均温度 8～15℃，温暖湿润的地区生长。苇状羊茅对土壤适应性很广，既耐酸又耐碱性土壤，并有一定耐盐能力，可耐 pH 值为 4.7～9.5 的酸碱度，最适的 pH 值为 5.7～6。在肥沃、潮湿、黏重的土壤上最繁茂。春季返青早，秋季可经受 1～2 次初霜冷冻。

四、栽培技术

1. 整地

播前精细整地，施足底肥。苇状羊茅种子细小，其生长缓慢，要求地块土层深厚，深耕细耙，翻耕深度在 30 厘米，细耙 1～2 次，开口作畦，平整土地，底肥要施足，每亩要施 1 000～2 000 千克厩肥做基肥，在耕地时，翻入土壤中。

2. 播种

苇状羊茅易建植，春秋雨季播种，秋播为宜，但不能过迟。在华北和长江中下游地区，以 9 月上中旬秋播最为适宜，春播一般在 3 月下旬进行，多采用条播，也可撒播或育苗移栽，刈草用的条播行距为 30 厘米，每亩播量 1.0～2.0 公斤，播深 2～3 厘米，播后适当镇压。苇状羊茅也可以和紫花苜蓿、白三叶、沙打旺等豆科牧草混播，以建立高产优质的人工草地。建议每亩播苇状羊茅 0.5～1.0 千克，白三叶 0.25 千克或苇状羊茅 1.0～1.5 千克，紫花苜蓿 0.75～1.0 千克。

3. 田间管理

（1）施肥

1）施足底肥。为获高产，可根据土壤养分状况，按需要量施肥。一般土壤有效成分可保持：磷（P_2O_5）不低于 30 毫克/千克，钾（K_2O）不低于 100 毫克/千克，速效氮 40～60 毫克/千克。

2）返青和刈割后适时浇水，追施速效氮肥，越冬前追施磷肥，可有效提高产量和改善品质。每亩可用尿素 5 千克，或硫酸铵 10 千克，留种田刈割一次后不用追肥。

（2）苇状羊茅苗期生长慢，注意中耕除草。苇状羊茅种子成熟时易脱落，采种可在蜡熟期，当 60％的种子变成褐色时就可收获。种子发芽率可保持 4～5 年，此后发芽率急剧下降，生产上应注意保种。

（3）病虫害防治。灭蚜防病，可用 40％氧化乐果乳油的 800 倍液喷雾，或用 2.5％敌杀死乳油、20％速灭杀丁乳油的 4 000 倍液喷雾。

五、饲用价值与利用

1. 营养价值

具有较高的营养价值，茎叶干物质中分别含粗蛋白质 15%、粗脂肪 2%、粗纤维 26.6%。其抽穗期的粗蛋白质含量为 11.3%，粗纤维含量为 26.7%。

2. 利用

苇状羊茅叶量丰富，草质较好，如掌握利用适期，可保持较好的适口性和利用价值。鲜草和干草牛羊都喜食，一年中秋季可食性最好，春季居中，夏季最低。

(1) 苇状羊茅可以青饲、晒制干草及放牧利用。由于该草草质粗糙，青饲最好在分叶期刈割，留茬 5～8 厘米；晒制干草可以在抽穗期刈割，刈割后再生草还能放牧利用，苇状羊茅耐放牧，但要适度，过重、过频会影响再生。

(2) 苇状羊茅植株含有吡咯碱，含量过多会引起牲畜中毒，最好与豆科牧草如白三叶、紫花苜蓿等混播，用于放牧。

(3) 苇状羊茅对我国北方暖温带和南方亚热带广泛的适应性表明，该草种是建立人工草场及改良天然草场的优良草种之一。另外，苇状羊茅也是冷季型草坪草中应用较广泛的草种之一。可与草地早熟禾、多年生黑麦草等混播建植运动场及绿化草坪。

第十三节　沙　打　旺

一、概述

沙打旺，又名直立黄芪、斜茎黄芪、麻豆秧、苦草、紫木黄芪、青扫条等，是多年生豆科植物，可用于改良荒山和固沙，也可用做绿肥。是干旱、半干旱地区进行人工种草和改良天然草地的首选草种之一，原产于我国的黄河地区。野生种主要分布在俄罗斯西伯利亚和美洲北部，以及中国东北、西北、华北和西南地区。一般广泛栽培在丘陵山地、沟壑、沙丘等干旱瘠薄地带，作为防风固沙、保持水土的饲草和绿肥，对恢复和建立良好的自然生态系统能起重要作用。

作为饲草和绿肥，在河北、河南、山东等地进行栽培也有数百年的历史。20 世纪 60 年代后，辽宁、吉林、黑龙江、内蒙古、甘肃、宁夏、陕西等地进行了大规模人工栽培，用来防治风沙、保持水土，提供饲料、肥料。该植物生长性状良好，已成为我国最主要的豆科牧草之一。

二、形态特征

植株高 2 米左右，丛生，茎中空。一年生植株主茎明显，分枝较多，每株 5～12 个；两年生以上植株主茎不明显，由基部生出多数分枝，每株 10～40 个。子叶出土，长椭圆形或卵圆形，奇数羽状复叶，小叶数 3～25 枚，长卵形。总状花序，长圆柱形或穗形，长 2～15 厘米，着花 17～79 朵，紫红色或蓝色。荚果长圆筒形或长椭圆形，具三棱。荚皮近膜质，被黑、褐、白或彼此混生的毛，有数粒到数十粒褐色肾形种子，种子千粒重 1.4～1.8 克。沙打旺主根粗壮，入土深 2～4 米，根系幅度可达 1.5～4 米，着生大量根瘤。如图 3—17 所示。

图 3—17　沙打旺的花、植株

三、适应性

沙打旺抗旱能力极强，有耐寒、耐瘠、耐盐碱、抗风沙的特性。种子在 4℃左右即可萌发；10～12℃时，8～10 天出苗；15～20℃时，5～6 天出苗。幼苗能抵御－3℃的低温，根芽在高寒地区能安全越冬。

野生种常长于山坡、沟边和草原上，在海拔 3 000 米的山地也有分布。在一般杂草和牧草不能生长的瘠薄地上，它却能生长。能耐阴，可与幼龄树及果树间种。但不耐涝，低洼易涝和黏重土壤上则不宜种植。沙打旺的越冬芽至少可以忍耐－30℃的地表低温，连续 7 天日平均气温达 4.9℃时越冬芽即开始萌动。种子发芽的下限温度为 10℃左右。茎叶可抵御的最低温度为－10～－6℃。

沙打旺的根系深，叶片小，全株被毛具有明显的旱生结构，在年降雨量 350 毫米以上的地区均能正常生长。在土层很薄的山地粗骨土（指土质硬、易板结的土壤）上，在肥力最低的沙丘、滩地上等，沙打旺往往能很好地生长，而此时其他绿肥如草木樨、苜蓿等则常常生长不良。沙打旺对土壤要求不严，并具有很强的耐盐碱能力，在 pH 值 9.5～10.0、全盐量

0.3%～0.4%的盐碱地上，沙打旺可正常生长。

沙打旺幼苗期间生长缓慢，有“蹲苗”习性，但根系伸长却很快。蹲苗过后，地上部生长逐渐加快。二年生以上植株，春季返青后生长速度较快，经过 90～110 天的营养生长后转入生殖生长。沙打旺的营养生长时间较长，在无霜期较短的地区一般当年不能开花结子。二年生以上的植株一般在 7—8 月现蕾，种子成熟的时间 25～35 天。沙打旺一般可生长 4～5 年，干旱地区可达 10 年以上。

四、栽培技术

1. 整地

选择土层深厚、不易受冲刷、不易积水的地块，进行精细整地。沙打旺种子很小，破土出苗力弱，因此要深翻、耕耙，然后磙压，使地面平整，土块细碎疏松，以利保墒播种。

2. 播种

沙打旺一年四季均可播种，但以春播和秋播为主。沙打旺的硬子率不高，播种前一般不需进行种子处理。

播种的方法有条播、撒播和穴播，可根据地形适当选用。平地以条播为好，沙滩地多用撒播，坡地则挖穴踩种。一般条播行距为 30～40 厘米，穴播行距和株距为 30～35 厘米。播后覆土为 1～2 厘米，浅播浅覆土，及时镇压。还可以利用飞机播种。

播种量视其用途而异，供割草用的每亩播 0.15～2 千克，保苗 3 000～4 000 株；供收种子用的每亩播 0.1 千克，保苗 2 600～3 000 株。飞机播种时每亩约需种子 0.2 千克。

沙打旺没有固定的播种期，从早春到初秋均可播种，主要根据当地的条件和利用的方式来决定，但不能迟于初秋，否则难以越冬。北方地区还可以利用冬前寄子播种，即在平均地温 3℃左右，早晚地表微冻，日出后又融化的时候，将种子播于土中，第二年春天适时镇压，可获得较好的出苗效果。

沙打旺除单播外，还可与苜蓿、胡枝子、无芒雀麦、苇状羊茅、冰草等混播。

3. 田间管理

（1）施肥。播前应施以农家肥或磷肥作基肥，每亩施过磷酸钙 10～30 千克，可显著提高鲜草产量。有条件的地区应注意及时灌水，亦可大幅度提高产量。沙打旺对肥料要求不高，欲求增产，可在早春生长旺盛期、越冬前进行灌溉和追速效肥，每亩施尿素或硫酸铵 25 千克左右。因为是豆科植物，所以可以少施或不施氮肥，应多注意施磷肥，磷肥除作基肥外，还可以根据土壤肥力情况在秋末或春季返青时追施。

（2）芽期水分和温度控制。发芽要求土壤水分不低于 11%，最好为 15%～20%，土壤温度 10℃以上。雨季温度水分条件适宜，播后 2～3 天即可发芽，5～7 天出苗。

（3）沙打旺幼苗生长缓慢，无力与杂草竞争，因此，除播前要清除杂草外，苗期应及时进行中耕除草，第二年春季萌生前，用齿耙除掉残茬，返青前与每次收割后都要除去杂草，以利再生。沙打旺在生长过程中易受菟丝子危害，导致产量下降，甚至全部致死，发现菟丝子时要及时用农药喷杀。

(4) 沙打旺不耐涝，要做好开沟排水工作，避免因水淹造成根部腐烂而使植株枯萎。有条件的地区，早春或收割后进行灌溉，对提高产量有明显的作用。

(5) 病虫害防治。沙打旺常见病害有沙打旺白粉病、沙打旺黄萎病、沙打旺匍柄霉叶斑病、沙打旺丝核菌根腐和基腐病、沙打旺黑斑病、沙打旺叶肿病。常见虫害有蚜虫、金龟子等。

1）沙打旺白粉病。每亩用20%粉锈宁乳油20～30毫升或15%粉锈宁可湿性粉剂50克，兑水50～60千克喷雾，或兑水10～15千克低容量喷雾。或每亩用25%病虫灵乳油50毫升，加水50千克，均匀喷雾。

2）沙打旺黑斑病。喷50%多菌灵可湿性粉剂500～1 000倍液，或75%百菌清500倍液，或80%代森锌500倍液，7～10天1次，连喷3～4次。

3）蚜虫。喷洒50%辟蚜雾超微可湿性粉剂2 000倍液或20%灭多威乳油1 500倍液、50%灭蚜松乳油1 000～1 500倍液、50%辛硫磷乳油2 000倍液、80%敌敌畏乳油1 000倍液。

五、饲用价值与利用

1. 营养价值

沙打旺营养丰富，粗蛋白质含量高，是一种重要的豆科牧草。各个生长期的营养成分含量见表3—1。

表3—1　沙打旺的主要营养成分　（占干物质的%）

成分 / 生育期	粗蛋白质	粗脂肪	粗纤维	无氮浸出物	粗灰分
分枝期	17.90	2.80	24.00	44.30	11.00
营养期	18.42	2.36	25.54	42.38	11.30
初花期	17.96	2.90	33.92	37.48	7.74
盛花期	15.77	2.50	37.69	35.99	8.05

2. 刈割和产量

沙打旺播种当年产量并不高，但茎少叶多，叶质柔软。种植后的第二年、第三年，再生能力强，生长旺盛，产量高，品质好，是饲用最佳阶段；每年可刈割2～3次，每亩可产鲜草5 000～10 000千克。在刈割时留茬5～10厘米，以利再生再利用。

沙打旺开花晚，花期长，成熟不整齐，成熟后果荚容易自裂，子粒脱落，所以应分期剪穗采收，荚果棕褐色时采收为佳。一般情况下每亩产种子20～50千克。

3. 利用

沙打旺适口性好，是家畜的优质饲草，无论鲜草、干草家畜均喜食，既可以青饲、青贮，又可以调制干草或加工草粉。

（1）沙打旺幼嫩时，骆驼最喜食，其他家畜最初不喜食，经过一段时间习惯后则喜食，牛羊特别爱吃。沙打旺可以青饲，但最好不要单喂，可与其他牧草混合饲喂。在开花前期，该草质地松脆，可调制青贮料，气味芳香可口。在生长后期，由于叶片和嫩枝脱落较多，茎秆粗硬有毛，会降低适口性，因此调制干草在株高 60～80 厘米或花蕾初现时收割；另外，该草也可以进行放牧利用，放牧后多饮水，有利于增膘，可节省精饲料。

（2）沙打旺适于沙地生长，植株高大，枝叶旺盛，地面覆盖度大，能大大减少雨水对地面的冲刷和地表水土流失，其保水固沙作用是其他植物无法比拟的。长期以来，沙打旺是我国三北地区和沙漠化地区治理的先锋植物。据调查，茂密的沙打旺可减少水土流失 96.7%。沙打旺必将在我国水保、环保方面发挥巨大的作用。

（3）沙打旺是豆科牧草，根系上生长着大量的根瘤，根瘤可以固氮。在每亩产鲜草 3 000 千克的水平下，沙打旺生长第一年，每亩可固定氮素 15 千克，两年合计固氮 28.5 千克，相当于 140 千克硫酸铵的含氮量。种植四年的沙打旺草地，地表 0～20 厘米土壤有机质含量比未种沙打旺的农田增加 23.06%，全氮增加 11.3%，全磷增加 41.30%。沙打旺根系粗壮，入土较深，能将土壤深层的水分和养分运输到表土层，使其充分发挥作用，沙打旺根系可通过强烈的代谢、穿透、挤压和胶结等作用，改善土壤的理化性状，增加土壤的团粒结构，提高土壤肥力，减少土壤盐碱量。沙打旺还是很好的绿肥植物。此外，沙打旺花期长，是较好的蜜源植物。

第十四节　饲用甜高粱

一、概述

饲用甜高粱，是满足畜牧业生产需要的高产饲草品种，是我国重要的饲料作物之一。分布广泛，北起黑龙江，南至云贵川；西自新疆维吾尔自治区，东至长江下游地区均有种植。

二、形态特征

饲用甜高粱是一年生禾本科植物，根系发达，入土深度可达 2 米以上，茎直立，植株高 3～5 米，茎秆外部有蜡质层，叶片肥厚宽大。中央有一个明显的气脉，脉色灰绿的品种茎秆中有较多的汁液，是甜茎种，茎秆柔软，分蘖能力强，抗叶腋部病害的能力强；脉色白黄的茎中汁液少，抗叶腋部病害的能力差；晚熟品种叶片可多达 25 片以上；圆锥花序；种子千粒重 25～34 克。如图 3—18 所示。

图 3—18　饲用甜高粱植株形态

三、适应性

高粱原产热带，性喜温暖，要求全日照，对低温和霜害较敏感，遇零度气温，植株易受害，因此在东北地区应防止倒春寒，甜高粱已长成的植株具有一定的抗寒能力。种子在 6～7℃才开始发芽，多在 15℃的温度下播种，生长期间，要求温度较高，室温为 25～30℃。

饲用甜高粱是我国重要的饲料作物之一，引进的品种有大力士等。杂交甜高粱推广后，南北种植也已经相当普遍，由于它具有较强的抗旱、耐涝、耐盐碱能力，以及高产的性能，特别是解决了奶牛的青绿饲草问题，因而具有重要的栽培意义。

四、栽培技术

1. 整地

高粱对土壤要求不严，一般沙壤土、黏壤土或弱酸性土壤均可种植，但在肥沃的沙壤土上产量高。要注意的是，在寒冷的东北地区，有些水稻田早春冷凉，田底土壤回温晚，土壤通透性差，因此，在这种地块下不建议种植。对前茬作物没有什么要求，但是以小麦豆科类的作物比较好。高粱在种植前与其他作物一样，也需要深翻、耙细、整平土地。

2. 播种

春播以地下 5 厘米地温稳定达到 10～12℃为准，北京地区春播一般在 4 月 20 日左右，也可选在5月份播种。播种时要保证底墒充足。通常较肥沃土壤每亩播种0.6千克即可，较瘦弱的土地播种量应控制在1千克以内为好。播种深度3厘米左右。

东北、内蒙古、甘肃、新疆等地，4月中旬至5月上旬播种，通常采用宽行条播，地温15℃以上。北方地区可以单独播种，也可以在小麦收获后复种，在东北、内蒙古各地，多将饲用甜高粱与大豆、谷子或小麦、春小麦等实行3～4茬的轮作。盐碱地上可以和墨拾豆轮作。华北地区常和冬小麦、大豆实行三年四熟的轮作。在西北地区，则可以和春大豆等轮作。播种不要过早，过早播种地温低，易引起高粱种子腐烂，即通常所说的粉种。

3. 田间管理

（1）施肥。施有机肥2 000～3 000千克做基肥，有利高粱的高产。基肥不足时应在播种时施种肥，特别是在土壤瘠薄的沙荒土、盐碱地施种肥有利于苗期生长发育；种肥以氮肥为主，一般每亩施尿素3～5千克，硫酸铵5～10千克，使用复合肥料更好。进入拔节期后，对水肥需要量明显增加，根据情况适时追肥、浇水，亩追施尿素10千克。

（2）定苗。在出3～4片真叶、高10厘米左右时定苗，亩留苗6 000～10 000株，行株距可选择40厘米×20厘米，并及时进行中耕除草，以确保幼苗生长，当出现分蘖后即不怕杂草危害。

（3）灌溉。饲用甜高粱虽然耐旱，但只有供给足够的水肥才能获得高产，因此，要注意及时灌水。如果遇到干旱和缺肥，要在拔节和抽穗期追肥和灌水，前期多施氮肥，后期重施磷肥。

（4）常见病虫害防治。高粱容易受到棉虫、螟虫的危害，生长后期容易受到蚜虫危害，发现后要及时喷药防治。如果田间发现黑粉病病株，要及时拔出，烧毁。

五、饲用价值与利用

1. 营养价值

饲用甜高粱是一种优质高蛋白质品种，在拔节期叶片粗蛋白质的含量达18.7%，茎秆含粗蛋白质6.6%。而且，饲用甜高粱的含糖量较高，北方地区晚熟品种茎秆含糖量高达17%～18%，粗蛋白质含量12%，蔗糖含量6.8%。除此之外饲用甜高粱还含有丰富的微量元素。

2. 刈割和产量

饲用甜高粱是一年生、可多次刈割的优良杂交饲料品种。分蘖能力强，可分蘖4～6株，随着收割次数的增加，分孽数量成倍增加。在栽培条件较好的时候，亩产鲜草可达15 000千克，在南方甚至更高。供草期在6—9月，全年可刈割3～6次，刈割时注意留茬7～8厘米。

3. 利用

（1）青饲利用。青饲高粱可以多次刈割，当植株长到1.2～1.5米时，营养最丰富。刈割下来的鲜草晾晒一定时间，待水分蒸发到一定比例后，再铡短饲喂，这样有利于提高利用率。

(2) 调制干草利用。要调制高质量的干草，应在饲用甜高粱抽穗前或其高度达 1.5 米时刈割。此时刈割后调制的干草蛋白质含量比苜蓿干草稍低一些，但能量含量与好的天然草地的干草和苜蓿干草一样。收割太晚，牧草质量会明显下降。可以通过压扁和切割茎秆的方式加快干燥速度。

(3) 青贮利用。饲用甜高粱在子粒乳熟期时，含糖量达到最高，这时适合作为青贮料，也可以与青贮玉米混贮。青贮饲用甜高粱钙和磷的含量高于青贮玉米，而且钙磷比例更为合理，钾的含量也相对高一些。饲用甜高粱还比玉米富含铜（含量超过 30 毫克/千克），因此用饲用甜高粱饲喂绵羊时不应补充铜，而应补充钼。

青贮利用是饲用甜高粱最好的利用方式，能较长时间保存它的营养成分，适口性好，易消化，还能保证一年四季均衡供应青绿饲料。制作过程与制作玉米青贮一样，将含水量 70%左右的原料切短到 2 厘米长，逐层装填，每层 15～20 厘米，装一层踩实一层，边装边踏实，直至装满并超过窖口 20～30 厘米为止。窖顶用厚塑料布封好，四周用泥土把塑料布压实，防止漏气和雨水流入。冬季为了保温，顶部可适当压些湿土或铺放一些玉米秸。经过 1.5 个月后，可以开窖饲喂。

(4) 放牧利用。饲用甜高粱高度达 1.5 米左右也可放牧利用。放牧时应进行重牧，使其高度在几天内就降低到 15～20 厘米，有利于它的再生。

(5) 饲喂注意事项

1）要避免用幼嫩多汁的鲜草饲喂饥饿的家畜，特别在旱季，饲用甜高粱高度达 1.5 米以前，不要放牧或青饲，以防氢氰酸中毒。

2）用饲用甜高粱饲喂家畜前应先进行适应性锻炼，即第一次放牧或青饲时，应先让家畜吃饱，家畜适应 2 次后再直接青饲或放牧，而且要备有充足的水。

3）给家畜补充盐和带有硫的矿物质，也能减轻氢氰酸的有害作用。在用饲用甜高粱生产青贮饲料和调制干草的过程中，氢氰酸大都挥发掉了，不会引起家畜中毒。但要注意不要给家畜饲喂放置了一晚上的饲用甜高粱鲜草，因为青绿高粱遇热会放出氢氰酸，变成有毒饲料。

第十五节 红 三 叶

一、概述

红三叶，也叫“红车轴草”“红荷兰翘摇”。原产于小亚细亚及西南欧洲，是欧洲、美国东部、新西兰等海洋性气候地区的最重要的牧草之一，中国淮河以南、东北、河北、华东、新疆等省、自治区都有栽培。既为保持水土的良好植物，又为优良牧草，也可作绿肥。种子含油约 11%。全草供药用，有清热、凉血的功效。

二、形态特征

红三叶是豆科三叶草属多年生草本植物。主根入土较深；侧根发达，多分布在表土层；根上结有很多粉红色根瘤。根颈稍在表土之下。主茎分枝 10～48 个，呈丛状，直立或半直立。茎高一般 80 厘米左右。植株表面有疏毛。三出掌状复叶，叶互生，有长柄，叶片椭圆形或卵形，边缘有茸毛及不明显细齿，叶表中央有白色或淡灰色“V”形斑纹，也有少数无“V”形斑纹。托叶卵形，急转缩小成一长细尖状。密集头状花序，几乎无柄，花冠暗红或紫红色。花序两侧有 2 片无柄的叶，约由 100 朵小花组成。花冠长 1.4～1.95 厘米；花筒长 0.85～0.95 厘米，每个头状花序具有种子 32～52 粒。荚果近卵形，每荚一般含种子 1 粒。种子肾形，呈褐黄色或紫色，千粒重 1.5～2 克。如图 3—19 所示。

图 3—19　红三叶

三、适应性

红三叶为异花授粉植物，虫媒花。喜温暖湿润气候，适宜生长的温度为 19～25℃。年降雨量 700～2 000 毫米以上，夏季不热，冬季不冷的地方最宜生长。抗寒性强，冬季可耐 −8℃低温，最低温度低于 −15℃时则难于越冬。耐阴耐湿性也强，耐热性较差，夏季温度超过 35℃时生长受抑制，持续高温，而且昼夜温差小，往往使红三叶死亡。

春、夏、秋季生长旺盛，晚秋和隆冬季节停止生长。对土壤要求不严，黏土、壤土、沙壤土、中性或微酸性土壤都适宜红三叶的生长，pH 值为 6～7 时最适宜生长，低于 6 则应用石灰调节土壤的酸碱度。红三叶不耐涝，种植要选在排水良好的地块。适宜于排水良好、富含钙质的黏性土壤生长。生长周期一般为2～6年，在温暖条件下，常缩短为二年生或一年生。

四、栽培技术

1. 整地

红三叶种子细小，播种前要精细整地。整地时施入基肥，每亩施厩肥2 500千克左右，或磷肥30～50千克。

2. 播种

春、秋均可播种，春季可在3月中下旬气温稳定在15℃以上时播种。秋播一般从8月中旬开始至9月中下旬进行。南方多为秋播，9—10月为宜，北方一般采取春播。如播种过迟，当年植株矮小，不利于越冬，影响次年产量。

高寒山区适宜春播，播种期4—5月。条播播种量一般每亩1千克，撒播每亩播种量2千克。但是，播种量的多少还应根据种子发芽率的高低和纯净度加以适当调整，发芽率低的应加大播种量。豆科种子硬实率较高，当年收的种子硬实率为15%～20%，因而在播种前需进行种子处理。为使管理方便，采用条播方式为好，行距30厘米左右，留种地行距要适当加宽。

用红三叶根瘤菌拌种，可使根部快速形成根瘤，提高固氮能力，增加产草量，尤其在第一次种植红三叶的地区，更有必要。红三叶主根系较短（约20厘米），但侧根、须根发达，并生有根瘤固定氮素。在达到一定覆盖率的情况下，每亩红三叶可固定氮素20～26千克，相当于施44～58千克尿素，四年生草叶片全氮、有机质分别提高110.3%和159.8%，果园种植红三叶草可大大降低乃至取代氮肥的投入。

果树行间可单播红三叶，也可与黑麦草按1∶2的比例混播。可撒播也可条播，条播时行距15厘米左右。播种宜浅不宜深，一般覆土0.5～1.5厘米。红三叶每亩用种量0.5～0.75千克。苗期应适时清除杂草，以利红三叶形成优势群体。

除了单播以外，还可以与禾本科牧草混播，可改良草山成为优质高产的人工草场。混播时每亩播种0.5～0.7千克。在比较寒冷湿润的地区红三叶与猫尾草混播；在温暖干旱的地区，常与鸭茅混播；在温暖湿润地区，常与多年生黑麦草混播。混播比例一般为1∶1。

3. 田间管理

（1）施肥

1）在没有根瘤菌剂的情况下，用种过红三叶的土壤拌种也有一定效果。由于红三叶根瘤的固氮作用，一般不用施氮肥。

2）红三叶生长的第2～3年要注意增施磷肥，并清除杂草，保持草地的旺盛长势。在生长过程中需要大量的磷肥、钾肥、钙肥，应注意追肥。一般每年每亩追施过磷酸钙20千克、钾肥 15 千克。

3）红三叶苗期生长缓慢，要重视苗期清除杂草。每次刈割后，结合中耕适当追肥，以利再生。

（2）苗期应保持土壤湿润，生长期如遇长期干旱也需适当浇水。

（3）株高 20 厘米左右时进行刈割，一年可刈割 4～6 次。刈割时留茬不低于 5 厘米，以利于再生。割下的草可作为饲草，也可就地株间覆盖。每次刈割或放牧后，要进行耙地松土，以促进其再生草旺盛生长，如遇干旱还应及时灌溉。

（4）病虫害防治。红三叶病虫害不多，常见的有菌核病，在多雨季节易发，喷洒多菌灵可以防除。

五、饲用价值与利用

1. 营养价值

红三叶营养丰富，蛋白质含量高，开花期干物质中含有粗蛋白质 17.1%、粗脂肪 3.6%、粗纤维 21.5%、无氮浸出物 47%、粗灰分 10%；分枝期干物质中含有粗蛋白质 17.3%、粗脂肪 3.3%、粗纤维 16.8%、无氮浸出物 49.3%、粗灰分 13%，同时含有各种氨基酸和维生素，草质柔软。

2. 刈割和产量

红三叶是畜禽的优质饲料，产草量高，可作为饲草发展畜牧业，增加饲料来源。第一年秋播，次年 4 月中下旬到 10 月下旬均可刈割，一年可刈割 5～6 次，鲜草亩产可达 7 000 千克，折合亩产粗蛋白质 260 千克。在水肥充足、管理良好的条件下，产量可望更高。最佳刈割利用时期是初花期至盛花期。

试种结果表明：在 1.5 亩土地面积上收种 30 千克，折合亩产红三叶种子 20 千克。第二茬种子产量较高。红三叶营养价值和适口性稍次于紫花苜蓿，但总的消化能和净能高于紫花苜蓿。

3. 利用

（1）红三叶适口性好，牲畜喜食，干物质消化率为 61%～70%，是牛羊最好的饲料；马、鹿、鹅、鸭、兔、鱼也喜食；猪也喜食青草或草粉；在鸡饲料中添加 5%的草粉，可提高产蛋率并减少疾病的发生，促进生长。

（2）红三叶叶形好看、花色美丽、花期长，是城市绿化的理想草种。

（3）红三叶与禾本科混播的牧草也可青贮，无论是窖贮、袋贮，水分含量应掌握在 45%～65%。放牧利用时，应控制牲畜采食量，为防止发生膨胀病，必须先喂些禾本科干草，然后再饲喂三叶草。

（4）红三叶幼苗茁壮，能耐阴，是草地更新或建立混播草地的主要豆科牧草。

（5）红三叶根瘤菌数量多，寿命短，是短期粮草轮作中常用的牧草。

（6）红三叶侧根发达，茎叶茂盛，是水土保持的良好植物。

思 考 题

一、简述紫花苜蓿的产量及栽培价值。

二、简述紫花苜蓿的病虫害防治要点。

三、简述墨西哥玉米草的产量及饲用价值。

四、简述皇竹草的产量及栽培价值。

五、根据实际情况，在牧草栽培上你将选择什么品种？为什么？